NAPOLEON HILL
拿破崙・希爾

周玉文／譯

THINK & GROW RICH
思考致富

暢銷全球六千萬冊，「億萬富翁締造者」
拿破崙・希爾
13條成功白金法則

野人

野人家 164

思考致富

暢銷全球六千萬冊，「億萬富翁締造者」拿破崙・希爾的13條成功白金法則

作　　者　拿破崙・希爾
譯　　者　周玉文

野人文化股份有限公司
社　　長　張瑩瑩
總 編 輯　蔡麗真
責任編輯　鄭淑慧
校　　對　魏秋綢
行銷企畫　林麗紅
封面設計　周家瑤
內頁排版　洪素貞

出　　版　野人文化股份有限公司
發　　行　遠足文化事業股份有限公司 (讀書共和國出版集團)
地址：231 新北市新店區民權路 108-2 號 9 樓
電話：（02）2218-1417　傳真：（02）8667-1065
電子信箱：service@bookrep.com.tw
網址：www.bookrep.com.tw
郵撥帳號：19504465 遠足文化事業股份有限公司
客服專線：0800-221-029
法律顧問　華洋法律事務所　蘇文生律師
印　　製　博客斯彩藝有限公司
初版首刷　2017年4月
初版22刷　2023年6月

歡迎團體訂購，另有優惠，請洽業務部（02）22181417 分機 1124

國家圖書館出版品預行編目（CIP）資料

思考致富：暢銷全球六千萬冊，「億萬富翁締造者」拿破崙・希爾的 13 條成功白金法則 / 拿破崙・希爾著；周玉文譯 . – 初版 . -- 新北市 ： 野人文化出版 ：遠足文化發行，2017.05
面；　公分 . -- (野人家；164)
譯自：Think & grow rich
ISBN 978-986-384-198-2(平裝)
1. 職場成功法
494.35　　106005278

思考致富

野人文化官方網頁　　野人文化讀者回函

線上讀者回函專用 QR CODE，你的寶貴意見，將是我們進步的最大動力。

編者序

拯救貧困世代的跨時代致富經典

「貧困世代」、「老後破產」、「下流老人」……現代社會逐漸走向M型社會的極端，僅有少數人能掌握財富，過著富足愜意的生活，大多數人則必須背負無殼蝸牛、窮忙族的命運，終日為了維持勉強過得去的生活水準而奔波勞碌。這樣的不景氣，令人聯想到八十多年前的經濟大蕭條時代。當時，有一本書被當代男女老少奉為改變命運的聖經，它改變了無數人的命運，幫助他們脫離貧困，擁抱致富與成功人生，這本書就是《思考致富》。

《思考致富》是現代成功學之父拿破崙．希爾的經典代表作，自一九三七年出版以來，堪稱勵志類書籍的長銷經典，全球銷量超過六千萬冊，其龐大的影響力八十年來持續不墜，至今仍長踞亞馬遜網路書店暢銷榜。

本書開宗明義就提問：「贏家有何特質？」希爾訪談超過五百位當代最有權勢的名流富豪，例如：美國總統威爾遜和羅斯福、發明大王愛迪生、石油大王洛克菲勒、美國汽車工業之父亨利．福特、派克公司創始人喬治．派克……等許多成功人士，將這些知名成功人士的致富祕訣梳理成十三條「成功白金法則」，搭配真人真事的成功案例告訴你：即使沒有背景、缺乏人脈、欠缺資金，只要擁有熾烈的致富渴望，你就有足夠的資格為自己爭取成功人生。《思考致富》一書最大的魔力在於，希爾極富感染力的熱情和文字，將鼓舞你勇敢做夢、踏實逐夢，並走上確實的成功之路。

只要學會這些富人的思考模式，你就能——

☑認清自己的目標，為自己打造一套明確而具體的人生計畫；

☑精通永恆的成功之祕，學會運用意念的力量吸引整個宇宙幫助你達成心願；

☑打造自己企盼的生活，躋身超級成功人士之列。

書中的致富成功祕訣歷經八十年的檢驗，足以驗證其實用性與適用性。編輯部為使這本書更符合二十一世紀讀者的需求，鉅細靡遺地研究內文，在力求尊重作者基本人生觀的原則下，刪除一九三〇年代出版當時的讀者才覺得有意義的情節與趣聞，同時於每一章的章末新增近代名人的成功故事，諸如：國際知名導演史蒂芬．史匹柏、日本首富兼軟體銀行集團創辦人孫正義、臉書執行長雪柔．桑德柏格、美國《VOGUE》雜誌總編安娜．溫圖……等我們熟悉的成功人士，他們的故事都足以證明拿破崙．希爾倡議的原則確實對人生大有助益。藉由他們的故事，相信讀者可以更加瞭解本書的精華思想。

此外，為協助亟欲盡快習得本書致富之道的讀者，我們整理了「思考致富實踐手冊」。除了提供實用的表格，協助你按照「點石成金六步驟」打造專屬自己的致富宣言。另外，我們將書中十三條成功白金法則的中英金句摘句與實踐重點，以筆記頁的形式呈現，你可以將腦中閃現的點子記錄下來，打造專屬於自己的致富筆記。最後的「自我分析問答題」則能幫助你更誠實地面對自我，帶給你智慧察覺周遭的「干擾」，並勇敢向這些干擾說：「不！」

本書能幫助你習得有錢人的思考模式，確實踏上成功致富之路，從此改變你的人生。最終你會發現，一切付出都值回票價，因為它的確能讓你享受和諧完滿、通情圓融的人生，也為你打造一座躋身人生勝利組的舞台。

野人文化編輯部

作者序

濃縮五百多位成功人士致富關鍵的祕訣

我花費許多年詳盡分析超過五百位富甲一方的超級富豪，本書裡的每一章都會闡述曾讓他們賺進大把財富的祕訣。

早在二十五年前，卡內基鋼鐵公司（Carnegie Steel Company）創辦人安德魯・卡內基（Andrew Carnegie，二十世紀初的世界鋼鐵大王兼二十世紀首富）就讓我注意到這個祕訣了。當時我還只是個小夥子。這位精明又可愛的蘇格蘭老傢伙漫不經心地將它塞入我腦中，然後就往椅背一靠，亮晶晶的雙眼仔細打量我的腦袋瓜是否完全理解剛剛那番話的真意。

當他看出我確實領悟個中真諦後就問我，是否願意至少花上二十年充分準備，把這個祕密公諸於世，好讓全天下不得其法、只能庸庸碌碌的男男女女學會發達之道。我欣然同意，於是卡內基先生全力配合，讓我得以實現諾言。

這本書涵蓋成千上萬各行各業人士親身體驗的祕訣。一開始，卡內基先生的想法就是，廣泛傳布這套曾經為他帶來巨額財富的神奇公式，好讓那些無暇研究賺錢之道的人唾手可得。他還期望當我與形形色色的對象打交道時，可以一邊檢驗並證明這條公式究竟有多可靠。他深信，不論規模大小的學校都應該傳授這套公式，他還說，**一旦校方能傾全力傳授這條公式，它便能徹底革新整個教育體系，縮短一半以上的就學時間。**

在第二章「建立信心」，你會讀到讓人下巴都要掉下來的驚人故事，那就是，全美工業龍頭美國鋼鐵公司（United States Steel Corporation）竟然是由一個年輕小夥子一手打造而成。卡內基先生證明，任何人只要準備好放手一搏，他的這套公式就行得通。小夥子查理斯．M．施瓦布（Charles M. Schwab，美國鋼鐵大王、伯利恆鋼鐵公司總裁）僅僅是活用這個祕訣就名利雙收、財運亨通。**粗略估算，單單這套公式就價值六億美元。**

這些事實對所有認識卡內基先生的人來說耳熟能詳，它們讓你清楚理解閱讀本書將有何收穫，但前提是——**你知道自己渴望的目標何在**。

這個祕訣在接受二十多年的實務檢驗之前，便已如同卡內基先生所期，一傳十、十傳百，超過十萬名男女老幼用它來賺取個人財富。有人因此日進斗金，也有人成功創造和諧的家庭生活。一位牧師甚至因為善用祕訣，為自己帶來高達七萬五千美元的年收（一九三〇年代）。

亞瑟．奈許（Arthur Nash）是辛辛那提的裁縫師，他用自己幾近破產的事業作為實驗此祕訣的「白老鼠」，不但事業起死回生，還賺得不少財富。奈許先生雖已離世，他的事業仍蓬勃發展。其獨一無二的實驗受到報章雜誌的讚譽，廣告效益超過百萬美元。

拉薩爾函授大學（LaSalle Extension University）還沒打響知名度時，我曾擔任它的行銷經理，有幸見證卓別林校長（J.G.Chapline）善用此祕訣，讓拉薩爾成為美國最大的函授大學。

本書中，我提到此祕訣不下百次。但我沒有給它確切的名目，因為我覺得最好只披露祕訣，讓準備好的人在尋覓的過程中自行理會，似乎更能發揮效果。當年卡內基先生傳授我祕訣的時候也不曾明講，沒使用特定的名稱，個中原因就在此。

如果你準備好善用祕訣，希望你本書每一章至少都能讀一遍。我希望自己能夠告訴你，什麼時候才知道自己做好準備了，不過這樣做只會剝奪你自己找出答案的樂趣。

值此執筆之際，正要完成大學最後一年學業的我兒子曾順手拿起第一章手稿閱讀，並自己找出個中祕訣。然後他發揮超高效率善用書中的資訊，為自己找到一份起薪高於平均水準的職業。如果你曾悵然若失、曾為克服難關耗盡心神、曾屢試屢敗、曾受病痛糾纏或肉體飽受折磨而痛苦不堪，我兒子發掘並採用卡內基成功公式的親身經驗或許可以提供些許慰藉，成為你在絕望沙漠中辛苦覓得的一小塊綠洲。

第一次世界大戰期間，美國前總統伍德羅．威爾遜（Woodrow Wilson）曾廣泛施行這個祕訣：他將此祕訣巧妙地融入士兵的戰前訓練，讓每位士兵學習此祕訣。威爾遜總統告訴我，在籌募開戰所需的巨額資金期間，它可是發揮了強大作用。

這個祕訣有一項特色，那就是，有幸獲得並加以運用的人很快會就發現，你幾乎不費吹灰之力就能所向披靡獲得成功，而且絕對不再重蹈失敗的覆轍！你若不信，不妨深入研究那些曾經善用過它的人，無論他們是在哪裡提到這條祕訣，過往紀錄一看便知，屆時你就會深信不疑了。

當然，天下絕對沒有不勞而獲的事！

若想得到我一再提到的祕訣，你必須付出遠小於祕訣本身價值的代價，重點是，不可能一點代價都不用付；反之，從未用心追求的人即使付出再高昂的代價也得不到它，既無法獲贈這條祕訣，也不能花錢買到它，因為它是由兩大部分組成，其中一大部分早已經掌握在那些準備好接收它的人手中。

這條祕訣對所有已經準備好接受它的人同樣管用，且無關教育程度，因為它早在我出生前就自己找上湯瑪士・愛迪生，為他所用。他聰明地將它發揮得淋漓盡致，因此儘管只就學三個月，卻能成為全世界首屈一指的發明家。

這條祕訣隨後又傳給愛迪生先生的一位事業夥伴，愛德恩・C・巴恩斯（Edwin C. Barnes）。儘管當時他的年薪僅一萬二千美元，卻因為活用祕訣，財富如雪球般滾滾而來，得以在風華正茂的年紀光榮退休。你將在第一章開頭讀到他的生平故事，從此一改信念：**財富絕非望塵莫及；你依然可以做自己，但唯有做足準備、拿定主意，才能爭取金錢、名聲、地位和幸福。**

我怎麼會知道結果終將如此？其實你根本不用看完這本書就會知道答案了。有的人或許翻開第一章就明白，但也可能讀到最後一頁才能領悟。

我接下卡內基先生要求的二十年研究任務，在這段期間，我一共分析幾百位知名人士的成功之道，多數人承認，卡內基祕訣協助他們聚積巨額財富。受惠人士有：

福特汽車創辦人亨利・福特（Henry Ford）

發明家湯瑪士・愛迪生（Thomas A. Edison）

愛迪生的事業夥伴愛德恩・C・巴恩斯（Edwin C. Barnes）
美國總統西奧多・羅斯福（Theodore Roosevelt Jr.，老羅斯福）
美國總統伍羅德・威爾遜（Woodrow Wilson）
美國總統威廉・霍華・塔夫特（William Howard Taft）
美商箭牌創辦人威廉・瑞格理二世（William Wrigley Jr.）
百貨商店之父約翰・華納梅克（John Wanamaker）
美國鐵路大王詹姆斯・J・希爾（James J. Hill）
派克筆公司創辦人喬治・派克（Georges S. P Parker）
柯達公司創辦人喬治・伊士曼（George Eastman）
飛機發明人韋爾伯・萊特（Wilbur Wright）
現代電話發明人亞歷山大・葛雷漢・貝爾（Dr. Alexander Graham Bell）
吉列刮鬍刀創辦人金・吉列（King Gillette）
伍爾沃斯超市創辦人伍爾沃斯（F.W. Woolworth）
美國鋼鐵公司總裁查理斯・M・施瓦布（Charles M. Schwab）
花旗銀行總裁法蘭克・范德里普（Frank A. Vanderlip）
石油大王約翰・D・洛克菲勒（John D. Rockefeller）
大來輪船公司創辦人羅伯特・大來（Col. Robert A. Dollar）
美國旅館先驅史塔達勒（E.M. Statler）

Citgo石油公司創辦人亨利・多爾帝（Henry L. Doherty）

柯提斯出版公司創辦人賽勒斯・柯提斯（Cyrus H.K. Curtis）

政治家約翰・戴維斯（John W. Davis）

作家阿爾伯特・哈伯德（Elbert Hubbard）

美國國務卿威廉・詹寧斯・布萊恩（William Jennings Bryan）

拉薩爾函授大學創辦人卓別林（J.G. Chapline）

國會議員傑寧斯・藍道夫（Hon. Jennings Randolph）

教育家大衛・史塔・喬丹博士（Dr. David Start Jordan）

肉品包裝業大亨強納森・奧格登・阿默（J. Odgen Armour）

報社編輯亞瑟・布利斯班（Arthur Brisbane）

美國海軍陸戰隊傳奇人物哈利斯・威廉斯（Harris F. Williams）

教育家法蘭克・甘索洛斯博士（Dr. Frank Gunsaulus）

鐵路公司總裁丹尼爾・威拉德（Daniel Willard）

遊覽客運公司老闆雷夫・威克斯（Ralph A. Weeks）

法官丹尼爾・萊特（Daniel T. Wright）

波士頓富商愛德華・菲林（Edward A. Filene）

裁縫師亞瑟・納許（Arthur Nash）

知名律師克萊倫斯・達洛（Clarence Darrow）

園藝家路瑟・伯班克（Luther Burbank）
普立茲獎得獎作家愛德華・博客（Edward W. Bok）
報人法蘭克・曼賽（Frank A. Munsey）
作家約翰・帕特森（John H. Patterson）
慈善家朱利厄斯・羅森瓦德（Julius Rosenwald）
律師史都華・奧斯汀・威爾（Stuart Austin Wier）
美國律師艾伯特・H・蓋瑞（Elbert H. Gary）
牧師法蘭克・克萊恩博士（Dr. Frank Crane）

上述姓名僅代表成千上百萬美國名人其中一小部分，他們在金融業及其他領域的成就充分證明，真正領悟並善用卡內成功基祕訣的人就能攀上人生成就的顛峰。所有我知道深受這條祕訣激勵向上的人士裡，全都在自己選擇的專業領域中創造出眾所矚目的成就；而我不曾聽說，任何從未掌握這條祕訣的人竟然也能卓然出眾、賺進可觀財富。基於這兩項事實，我歸納出一道結論：**有志成功者必須掌握的知識中，這條祕訣遠比「教育」這個眾所周知的知識來源更加重要。**

在閱讀過程中，我所說的祕訣將會躍然紙上。在那一刻，你一望即知。無論你是在第一章或最末章接收到訊號，當下請務必稍停片刻，然後舉杯歡慶自己人生的轉捩點終於到來。

請別忘記，你所閱讀的這本書，字字句句都是真實事蹟，而非杜撰虛構。本書目的是傳遞偉大的普世真理，所有準備好接受它的人都能從中學到寶貴經驗，不但可以知道自己該做些什麼，也知道該怎樣做！你能從書中得到必要靈感，知道如何邁出第一步。

在你開始閱讀第一章前，請容我簡扼提議一則找出卡內基祕訣的線索——**所有成就、財富、全都源自一個想法！**如果你準備好接受這個祕訣，就等於掌握了一半祕訣；因此，當另一半進入你的腦中便能一望即知。

拿破崙・希爾

一九三七年

目錄

學會掌控自己的心智，無視批評，你就能創造人生
五十五個舉世皆知的藉口遁詞

成功人士思維15 **杜絕所有負面思想的影響！**

序章

心想事成
——靠「念力」就讓湯瑪士．愛迪生點頭合夥的人

沒有學歷、沒有背景、也沒有資金……手上一手爛牌的我，怎麼可能成功致富？
普通人
只要擁有明確目標和強烈渴望，整個世界都會協助你達成心願。
成功人士

動腦思考就能致富！沒背景、缺資金的年輕人靠念力成就大事業

沒錯，「心想事成」，這句成語一點都不假。**強大念力一旦與目標、毅力，以及有朝一日得以富甲一方或名利雙收的熱烈渴望結合，威力更是無與倫比。**

愛迪生的合夥人愛德恩．C．巴恩斯（Edwin C. Barnes）發現，人們真的只要動腦思考就能致富。這個說法簡直再真實不過。這不是突然福至心靈的念頭，而是日積月累的結果，一切始自他**熱烈渴望**成為大發明家湯瑪士．愛迪生的事業夥伴。

巴恩斯這道願望的主要特色之一即為「**明確**」。他就是想要**和愛迪生共事**，而不是**為他工作**。詳閱以下他如何轉化渴望為事實的具體描述，你就能更通盤理解本書所歸納的十三條成功白金法則。

當所謂的渴望，或說是一股衝動念頭，第一次閃過巴恩斯的心頭時，他根本沒有任何足以採取行動的立基點，畢竟他既不認識愛迪生，也湊不足搭火車赴紐澤西州橘郡的費用。前述的困難高如天險，足以打消多數人實現願望的企圖，不過巴恩斯的渴望可是非比尋常！他打定主意，無論如何都要實現願望，最後他終於決定「偷搭霸王車」，也不要被打敗。（「偷搭霸王車」是指趁貨櫃火車剛啟動時，他就偷偷跳上一節門戶洞開的車廂，前往東橘郡。）

他現身在愛迪生的實驗室，宣稱是來和這位發明家合作。多年後，當愛迪生談起兩人初次會晤的情形，他的印象是：「他大剌剌地站在我面前，看起來是個道地的流浪

漢，但眉宇之間隱隱透著一股不凡氣度，散發出一股既來之、必得之的決心。多年來我和三教九流打交道的經驗告訴我，**當一個人真正深切渴望獲得某樣東西時，他會不惜付出一切代價賭上未來前程，而且是十拿九穩。**於是我給了他所要求的機會，因為我看得出來他豁出去了，不成功、誓不休。最終結果證明，我做對了。」

年輕的巴恩斯不可能靠著儀表進入愛迪生的公司。因為他的外表只會扣分而不會加分。真正的決定性因素是他的**念力**。

巴恩斯未能在第一次會面就和愛迪生建立合夥關係，卻獲准進入後者的辦公室工作；儘管工資微薄，工作內容對愛迪生而言無關緊要，對巴恩斯來說卻至關重大，因為他獲得一個展現「交涉買賣」能力的良機，好讓他屬意的「合夥人」能親眼目睹。

幾個月過去了，巴恩斯自己私下訂定的目標，亦即立定決心達成的明確主要目標顯然毫無進展，不過他的內心正起著重大的變化，那股想要成為愛迪生事業夥伴的渴望日益強烈。

心理學家說得沒錯：「**當一個人真正為某件事做好準備，那件事就會自動上門。**」巴恩斯早就準備好與愛迪生合夥做生意，他心意已決，不達目標絕不罷手。

他不曾對自己說：「唉，這樣苦等有何用？我還是趁早死了這條心，改當業務員算了。」反而說：「我大老遠跑到這裡，就是為了要和愛迪生合夥做生意，即使得耗上一輩子也在所不惜。」他還真的是豁出去了！

倘若人人都能定下一個明確目標，甘願為它付出所有，直到有一天成為畢生熱情之

所寄，人生的風景將會截然不同！

也許，當時年輕的巴恩斯尚且不明白這個道理，但因為有一副牛脾氣，卯起來想滿足心中渴望，因此注定他能剷除大大小小的障礙，並為自己帶來尋覓良久的大好機會。

當機會上門時，形式與來源雙雙出乎他的預期。這是機會女神善玩的把戲之一，祂老愛狡猾地走後門，還常常偽裝成噩運或一時的挫敗。或許正因如此，我們多數人才會與機會擦身而過。

愛迪生剛剛完工一種新式辦公用具，即是當今眾人熟知的「愛迪生口述機」（Edison Dictating Machine）。不過他旗下的業務員反應冷淡，他們一致相信，非得使出九牛二虎之力才賣得掉。巴恩斯卻視它為天上掉下的大好機會，故意躲在賣相不佳的機器裡，只有巴恩斯和發明者愛迪生躍躍欲試。

巴恩斯知道他有能耐賣掉「愛迪生口述機」，於是向愛迪生建議並立即獲得首肯。他還真的辦到了，而且大有斬獲。因此愛迪生便與他簽約，同意他在全國銷售。

這樁合作案誕生之際也催生出「愛迪生生產、巴恩斯安裝」的口號。兩人的合夥關係雖讓巴恩斯一夕致富，更體現了一件更重要的事：他向世人證明「**動腦思考就能致富**」。

巴恩斯的原始渴望值多少錢，我無從得知，或許兩、三百萬美元。但無論金額大小，價值終究比不上他最終獲得的知識財富：**實際活用人類已知的致富法則，就可以將一股無形的衝動信念轉化成有形的物質報償。**

巴恩斯幾乎是憑靠念力就讓大發明家愛迪生同意和他合夥！憑靠念力就讓自己坐擁金銀財寶。一開始時，他幾乎一貧如洗，唯獨清楚自己追求什麼目標，並立定決心堅守這份渴望，直到實現目標。

即使一開始時身無分文、學歷難看，且毫無人脈；但是他積極主動、信念堅定，而且志在必得。這幾股無形的力量幫他坐上史上最偉大發明家身邊的第一把交椅。

接下來，再讓我們看看另一則截然相反的故事，瞧瞧一個人尋覓致富目標多年，為何在僅剩幾步之遙時賠掉一切。

輕言放棄的習慣，讓人僅差一步就錯失了大筆財富

功敗垂成最常見的原因之一就是遇上一時挫敗便輕言放棄的陋習。每個人或多或少都曾犯下這種錯誤。

R・U・達比（R. U. Darby）是全美最成功的保險業務員之一，他曾告訴我一段有關

致富祕訣01

當一個人真正為某件事做好準備，那件事就會自動上門。倘若人人都能定下一個明確目標，甘願為它付出所有，人生的風景將截然不同！

於他叔叔的故事。十九世紀中爆發淘金潮，他叔叔也跟著染上「黃金熱」，赴西岸挖金礦做發財夢。他不理會別人的戲謔：「從腦袋裡挖出來的金礦遠比從地底挖出來的還要多。」他圈了一塊地，然後揮起十字鎬和鐵鍬開挖。過程縱然艱辛，但他的黃金夢再明確不過了。

他敲敲打打幾個星期後，如願以償地挖到閃閃發亮的礦砂，但得先找機器設備才能掘出來。於是，他悄悄地掩埋好礦砂，返回馬里蘭州威廉斯堡老家，告訴親戚與幾名鄰居「挖到寶」了。他們湊齊一筆錢買進機器設備，隨即海運到當地。叔姪兩人也跟著啟程回到礦區。

他們將第一輛載滿礦砂的車開進冶煉廠，隨後便獲得證實，他們的礦場名列科羅拉多州蘊藏黃金最多的幾大區域裡。只要再載送個幾趟，他們就能還清債務，然後等著坐收源源不絕的鈔票。

挖土機越挖越深，叔姪倆的希望也越爬越高。然後，挫折來了，黃金礦脈突然消失。他們的淘金計畫頓時成了南柯一夢，金山銀礦化為泡影。他們不死心繼續挖掘，拚了老命想要找回礦脈，但終究徒勞無功。

最終，他們決定「**放棄**」，以幾百美元代價將機器設備賣給廢鐵收購商，然後跳上火車返回老家。

有些「爛鐵」收購商或許愚不可及，但他們交涉的這位卻不容小覷！他找來一位開礦工程師勘查礦脈，並稍微計算相關參數。最後這名工程師建議，先前的採礦計畫失敗，全因礦場主人不瞭解礦層走向的「斷層線」。根據他的計算結果，在達比叔姪停止挖掘之處只要再深入不到一公尺將可以找到礦脈！果真一語中的。

這位爛鐵收購商從礦區中開採出價值數百萬美元的金砂，那是因為他夠聰明，**知道在放棄前先請教專家意見。**

當時還很年輕的R．U．達比做足苦工，價值百萬美元的大筆財富卻流進廢鐵收購商的口袋。當初親友鄰居因為相信他，所以放心地將錢託付給他，後來他花了好幾年才還清每一分錢。

面對挫折，窮人選擇放棄，富人再往前跨一步

多年後，達比才真切體會，渴望可以變成黃金。從此他發奮賺錢，不僅將之前挖金礦的虧損賺回來，財富更是翻漲了好幾倍。他是在推銷人壽保險產品時領悟到了這條黃金定律。

達比謹記當年就在距離黃金僅一公尺之遙的地方宣告放棄，自此與金山銀礦失之交臂的教訓，他選定職業後，秉持著堅持到底的態度工作，最終能堆金積玉。

他的做法簡單，即是告訴自己：「**正因我曾在距離黃金僅一公尺之遙的地方宣告放棄，所以推銷保單時，儘管聽到對方說『謝謝，再聯絡』，也絕對打死不退。**」他將這

股「打死不退」的精神歸功於淘金熱當時的「半途而廢」所帶來的深刻教訓。

多數人在成功之前必定遭逢許多短暫挫敗，其中或許難免一敗塗地，當下最容易、最合乎邏輯的決定就是乾脆放棄吧。絕大多數人都會這麼做。

全美最成功的五百多位知名人士曾告訴筆者，每當他們遭逢挫敗重擊，只要咬牙再往前跨出那麼一步，最甜美的成功就能手到擒來。

失敗這個超級惡棍極愛冷嘲熱諷，而且狡猾無比。它最愛的伎倆就是，每當某人距離成功僅幾步之遙時，設法讓他摔個鼻青臉腫。

意志力是勝負的關鍵！——佃農之女VS.農場主人的角力戰

達比先生修完「逆境大學」的人生學分後，決定從此善用淘金事業得到的教訓。隨後他有幸在一次偶發事件中親身體驗一則道理：**當對方說「不要」，不一定代表他是真的拒絕。**

有一天下午，他正幫一位叔叔在舊磨坊裡輾磨小麥。這位叔叔經營一座大農場，裡面住著一些佃農。此時大門突然被悄悄打開，來者是一名佃農之女。她走進來後就在門邊站定。

叔叔一抬眼就看到這名小女孩，粗聲粗氣地對著她大叫：「妳想要幹嘛？」

小女孩怯生生地回答：「我媽媽說，請給她五十美分。」

「門都沒有。」叔叔回嘴，「妳現在就可以回去了。」

「是的，先生。」小女孩接話，但雙腳動都不動。

叔叔繼續埋頭苦幹，忙到完全沒有留意小女孩竟然還杵在原地。當他下一回抬起頭看到她定在門邊，大聲吼她：「剛不是叫妳回家了嗎?!還不快走，小心我修理妳。」

小女孩說：「是的，先生。」卻仍寸步未移。

叔叔原本正準備將一袋小麥倒進磨子，此時將袋子往地下一扔，隨手抄起一塊木板條，怒氣沖沖地朝著小女孩走去。

達比連大氣都不敢吐，心想一頓毒打就要上演了。他很清楚，叔叔的脾氣超火爆。當叔叔走近小女孩站定的地方，她連忙往前踏一步，抬起頭直視叔叔的雙眼，然後放聲尖叫：「我媽媽一定要我拿回五十美分！」

叔叔頓時停下腳步，盯著她好一會兒，然後慢慢把木板條放到地上，將手伸進口袋，掏出五十美分給她。

小女孩接下錢，然後慢慢倒退回門口，同時雙眼還是緊盯著她剛剛打敗的大男人。她離開以後，叔叔坐在一只木箱上，雙眼望向窗外的天空，前後歷時十幾分鐘。他滿懷敬畏地回想剛剛苦吞的那場敗仗。

達比也在想同一件事。這是他有生以來第一次目睹佃農之女如此臨危不亂，竟能讓成年大漢乖乖聽命。

她是怎麼辦到的？剛剛是什麼原因讓叔叔凶性全消，反倒像一隻溫順的羔羊？這名小女孩使出什麼神奇力量讓自己反客為主？

諸如此類的問題連連閃過達比的心頭，但他想破頭也找不出答案。直到多年後對我提起這則故事才恍然大悟。

全美最成功保險業務員親授銷售祕訣！
──真正的商機都從「謝謝，我不需要」開始

說巧不巧，他在講述這則不尋常的故事時，我們不僅正好置身這座老磨坊，還不偏不倚地坐在他叔叔吃敗仗的位置。我們站在這座充斥霉味的老磨坊裡，達比先生重述當年非同尋常的征服者與被征服者的故事，講完後還問我：「你怎麼看？小女孩使出什麼神奇力量讓我叔叔一敗塗地？」

讀者可以在本書敘述的諸項原則中找到這個問題的答案，而且詳盡、完善，足可讓任何人一望即知，也能實際應用，就和當年小女孩無意間發揮的力量如出一轍。

請你保持頭腦清楚，確切觀察那股馳援小女孩的神奇力量。在下一章，你就能一窺究竟。繼續展閱本書，你就能摸索出一番道理，加速你敞開心胸汲取這股無往不利的力

量，讓它聽命於你，並為你謀求福利。你可能會在第一章就察覺它，也可能在往後章節裡靈光一閃；它可能只是一個獨立概念，也可能內含在一套計畫或一則目標裡。我得再次聲明，它會帶你回顧過往種種失敗或挫折經歷，引領你汲取個中教訓，藉此重新贏回當時失敗所失去的一切。

我向達比解釋這名小女孩無意間發揮的力量後，他回溯三十年來壽險業務員生涯後坦承，他之所以能在這一行成績斐然，很大程度得歸功這名小女孩帶給他的體悟。

達比先生指出：「每當潛在客戶不想買保單，只想對我說『謝謝，再聯絡』，我彷彿就看到小女孩站在老磨坊裡，一雙大眼睛閃著倔強的光芒。然後我會對自己說：『我非得做成這筆生意不可。』**我賣出的所有保單裡，絕大多數都是在對方說『不』之後才成交。**」

他也想起當年離黃金僅一公尺卻前功盡棄的錯誤，「不過，」他說：「那次經驗反而是因禍得福，讓我學到，無論情況多艱辛就是要咬牙撐下去的道理。我是先學到這堂教訓才得以闖出一番成就。」

毫無疑問，達比叔姪、佃農之女與淘金礦的故事將在成千上萬名壽險業務員之間流

功敗垂成最常見的原因就是遇上一時挫敗便輕言放棄。遭逢挫敗重擊，只要咬牙再往前跨出一步，最甜美的成功就能手到擒來。

傳，這兩段人生經驗賦予達比每年賣出超過百萬美元保單的能力。

人生實在是奇妙難測！成功、失敗往往根植於平淡無奇的經歷。達比先生的經驗平凡、簡單，卻蘊含畢生命運的解答，因此，這些經歷對他個人、對人生同等重要。他之所以能夠受惠這兩段戲劇般的經驗，正是因為他深入分析並從中汲取教訓；倘若換成一個既無暇也無意研究失敗並從中爬梳成功知識的人，結果將如何？他們該何去何從？又該如何參透將失敗轉化為機會墊腳石的道理？

本書的宗旨就是解答上述問題。

別讓「不可能」三個字出現在你人生的字典上

這個答案得拆解成第一章到第十三章的十三條成功白金法則一一闡述，不過請謹記，也許你曾納悶過人生際遇為何如此莫名其妙，閱讀本書時，你所尋覓的答案也許會化成某一個觀點、計畫或目標突然浮現心頭，讓你在心裡找到解答。

你若想成功，僅需一個正確觀念。本書詳述的成功之道涵蓋發想實用點子最適切、實際的做法與手段。

在深究這些原則之前，你理應先得知以下重要建議：**財神爺上門時，總是猝不及防，而且來勢洶洶，讓你不禁納悶，在以前苦哈哈的歲月裡，祂到底躲在哪裡。**這種說法頗駭人聽聞，更與「只有勤奮工作、努力不懈才能致富」的普世觀念相牴觸。

一旦你開始動腦追求致富，就會觀察到，致富之路始於一種心態，即立定明確目標，無需揮汗如雨，甚至不用一丁點努力。包括你在內的每個人應該都很想知道，怎樣才能培養出那種吸引財富找上門的心態。我花費二十五年研究、分析超過兩萬五千人，因為我也想知道「富人的發達之道」。

當初如果我不曾潛心研究，本書將無付梓之日。

在此，請留意一個顯而易見的事實：大蕭條始於一九二九年，肆虐全國的破壞力道創下空前紀錄，直到羅斯福總統上任才漸漸銷聲匿跡。就好比非得等到戲院裡的電氣技工一一打開燈光電源，你才會看到眼前的一片漆黑慢慢轉亮，縈繞人們心頭的恐懼也是在看到希望之後才漸漸消褪，轉憂為安。

一旦你精通嫻熟各項原則的基本哲理，開始遵照指示實際應用，你的經濟狀況才會漸漸有起色。你所觸及的每件事物都將變成對你有利的資產。

你說不可能？那就大錯特錯了！

人性主要弱點之一就是一般人聽慣了「不可能」這三個字，相信所有規則最後都行不通、埋怨所有事情終究都辦不到。本書是為了另一群人而寫，他們探究別人成功之祕，願意賭上一切有樣學樣。

本書宗旨是協助所有想方設法學著改變心態的人，從懷憂喪志變成胸懷大志。

絕大多數人還有另一項弱點，即是依據自身的印象和信念衡量每件事、每個人。那些覺得自己難以動腦思考追求致富的人，是因為早已習於貧窮、匱乏、悲慘、失敗和挫折的思考模式。

這些人讓我想起一位中國名人，為了接受美式文化的薰陶，前來美國就讀芝加哥大學。某天，哈伯（Harper）校長在校園散步時遇到這位年輕的中國男子，駐足與他聊天，問他覺得美國人最明顯的特徵是什麼。

「哦，」學生大聲說道，「當然是你們的眼睛都向下垂，你們的眼睛都長歪了。」

我們美國人平時還嘲笑中國人的眼睛往上吊呢。

我們拒絕相信自己不瞭解的事物，愚蠢地認為可以用自己有限的識見，客觀地評估事物。難怪只要別人的眼睛跟自己的不同，就嘲笑別人眼睛「長歪了」。

亨利．福特的成功祕訣——明確知道你想要的是什麼！

當初亨利．福特決定生產如今赫赫有名的V8汽缸引擎汽車時，打算將八組汽缸鑄造成一具引擎，因此指示工程師設計草圖。完稿後，工程師們一致認為，根本不可能將八組汽缸鑄造成一具引擎。

福特說：「無論如何就是要做出來。」

「可是，」工程師異口同聲，「根本就不可能辦到！」

「做就是了，」福特下令，「不論要花多少時間，就是要成功做出來。」

工程師如果還想保住飯碗，沒有第二條路可走，於是只好跟它拚了。六個月過去了，渺無音訊；再過半年，八字還是沒一撇。工程師團隊為了完成使命，試遍各種可能的設計方案，似乎終究只是毫無疑問的「不可能！」

到了年底，福特詢問工程師團隊，他們還是回報無計可施。

「再試一下！」福特說，「我就是想要做出這種引擎。我一定要做出來。」

他們只好繼續埋頭苦幹，然後，猶如天降奇蹟，他們發現製造訣竅了。福特的**決心**再次大獲全勝！

真實過程當然不是短短幾分鐘就能交代清楚，但這段簡扼說明卻道盡精髓。你若想要貫徹思考致富之道，不妨細細推敲福特千萬身價的祕訣。答案其實呼之欲出。

亨利．福特功成名就的原因是他領會並活用成功原則，渴望正是其一：知道你想要什麼。

當你閱讀本書時，請謹記福特的故事，並從字裡行間找出足以描述其傲人成就的字句。如果你能這樣做，便是掌握福特致富的原則，無論你從事任何職業，都能創造媲美

致富祕訣03

明確知道你要的是什麼，熱烈的渴望將為你吸引有志一同的力量、夥伴與情境，一同協助你達成夢想。

福特的成就。

當你真切渴望致富，整個宇宙都會幫你達成心願

英國詩人W．E．亨利（William Ernest Henley）寫下不朽詩作《不屈》（Invictus），最後兩句詩文富含哲學意味：我是我命運的主宰、我是我心靈的統帥。他是在告訴我們，我們之所以是自身命運的主宰、自我靈魂的統帥，全因我們擁有掌控自我思想的力量。他想指引我們一條明路，每個人心中的念頭都會「磁化大腦」，這種說法聽起來很陌生，意即「人腦磁鐵」會為我們吸引來有志一同的力量、夥伴與情境。

他更想告訴我們，在我們累積大量財富之前，必須先點燃致富渴望，好磁化我們的大腦。也就是說，**我們得先形成「致富意識」，直到這股渴望驅策我們創造財富。**只不過，亨利是詩人而非哲學家，他情願寫詩闡述宏偉真理，留待追隨其後的世人解讀詩中真意。

我們對這條真理的認識逐漸累積，至今已然確信，本書介紹的原則蘊藏著發達致富之祕。現在我們準備好檢視第一條成功白金法則了。請務必保持開放的精神。閱讀期間請謹記一件事——**這些原則並非某一位天才發明家的產物，而是集結五百多位堪稱富甲一方的成功人士所提供的人生經驗。**他們生於貧困，白手起家，而且幾乎未曾接受過

教育、毫無影響力。他們充分發揮這些原則，因此你也可以比照辦理，為自己創造個人長久的福祉。你將會發現，有樣學樣其實很容易，一點也不難。

確切知道你要什麼，就能掌握成功。

成功人士思維 01
動腦思考就能致富！

- 強大念力與目標、毅力，及有朝一日名利雙收的熱烈渴望結合，威力將無與倫比。
- 一個人真正為某件事做好準備，那件事就會自動上門。
- 活用致富法則，就可以將一股無形的衝動信念轉化成有形的物質報償。
- 功敗垂成最常見的原因之一就是遇上一時挫敗便輕言放棄的陋習。
- 我們得先形成「致富意識」，直到這股渴望驅策我們創造財富。

第一章

成功白金法則1
熱烈渴望
——畢生成就的出發點

貿然將心力投入別人眼中
「不可能的任務」是否太冒險？
還是該為自己留條退路吧？
普通人
當你的渴望足以凌駕一切，
破釜沉舟的決心會告訴你
接下來該做的具體事項，
驅使你一步步邁向成功。
成功人士

流浪漢成為發明大王的合夥人

——有了明確渴望，工作中的大小差事都是實現願望的踏腳石

愛德恩．C．巴恩斯一抵達紐澤西州橘郡就溜下貨運列車，雖然外表看起來像一名流浪漢，但他腦子裡塞滿各式各樣的點子！他一路直奔湯瑪士．愛迪生的辦公室，腦子已經開始描繪置身其中工作的畫面。他可以預見自己就站在愛迪生面前，也聽見自己要求愛迪生提供機會，好讓他實現自己掛心大半輩子的執念，亦即熱烈渴望成為大發明家湯瑪士．愛迪生的事業夥伴。

巴恩斯的渴望遠超過希望、企盼，而是強烈如脈動般的渴望，足以凌駕一切，再明確不過。

幾年後，巴恩斯再度走進第一次會晤愛迪生那間辦公室，在他眼前站定。這一次他的渴望已經落實：**他和愛迪生並肩合作了。**畢生夢想終於成真。

巴恩斯之所以能將鐵杵磨成針，全因他選定再明確不過的目標，而且全神貫注、全力以赴，但求背水一戰。他不是在兩人初識第一天就實現心願，而是樂於從最微不足道的粗活做起，只要這份工作終有一天能提供他珍貴的機會，哪怕只有一小步也好。

這一等就是五年。在這些歲月裡，不曾閃現一絲希望的光芒、一點可能有機會實現渴望的跡象。除了巴恩斯自己，所有人似乎都認定，他只不過是愛迪生事業版圖中的一顆小螺絲釘而已；但他心中深信不疑，從任職第一天起，自己每分每秒都是愛迪生的合

作夥伴。

這是明確渴望激發力量的最佳寫照。巴恩斯之所以能實現目標，正是因為「成為愛迪生合作夥伴的渴望」凌駕其他欲望。他構思一套實現目標的計畫，而且自斷後路，鍥而不捨地堅守這一畢生心願，直到終有一日逐夢成功。

最初他前往橘郡時不曾對自己說：「我要遊說愛迪生給我一份差事，」而是：「我要見到愛迪生，還要讓他明白，我大老遠來到這裡是為了成為他的事業夥伴。」

他不曾說：「我先做上幾個月，如果沒有得到進一步的鼓勵就打道回府，另謀出路。」反而是說：「愛迪生吩咐的大大小小差事，我都願意幹。非要當上他的合夥人才罷休。」

他不曾說：「我會放亮照子，留意其他機會，以免在這裡圖不到好處，前功盡棄。」反而是說：「全世界只有一樣東西我非要不可，那就是和愛迪生合夥做生意。我要壯士斷腕，拿畢生能耐賭下半輩子，實現夢想。」

他未曾留下一點後路。不成功、便成仁！

這就是巴恩斯成功故事的始末。

破釜沉舟的決心將化為堅定意念，促使你想出具體的計畫實行方案

很久以前，有一位偉大的戰士面臨緊要關頭：必須做出攸關勝負的決策。當時他正打算派兵迎戰陣容比自己更強大的敵軍。他讓士兵登船就緒後便啟航直赴敵國，等士兵與裝備一落地就下令焚毀船隻。

在第一場戰役開打前，他對全員訓話：「你們都看到，船隻已經燒成灰燼，這意味著我們若不打贏這場戰爭，就無法活著離開這片土地！如今我們別無選擇，不成功、便成仁！」

最後他們凱旋歸國。

任何人若想馬到成功，都必須抱著破釜沉舟的決心，還要背水一戰。唯有如此，他才能保持求勝心態，熱烈求勝的渴望正是成功之鑰。

一八七一年，芝加哥慘遭祝融肆虐，花了兩天才撲滅大火。清早，一群商人站在州街上，望著曾是家產的焦黑土地依舊冒著黑煙。他們集合起來商量對策，看是要重建家園，還是離開此地，另外找個更有前景的城市東山再起？最終，他們決議要離開芝加哥，只有一人例外。

這名決定留下來重建的商人是馬歇爾．菲爾德（Marshall Field），他指著自家商店地面的灰燼說：「各位，無論此地將被燒掉幾次，我就是要在這裡打造全世界最大的商店。」

他成功平地起高樓，馬歇爾百貨公司屹立了一百多年（二〇〇九年賣給梅西百貨），猶如巨大紀念碑的巍然外觀昭告世人，熱烈渴望所產生的意志力強大無比。對他來說，順從其他同業的決定其實更容易，因為當初時局艱難、未來黯淡，同業們都捲起鋪蓋轉戰前景遠大的地方。

馬歇爾．菲爾德和其他商人之間的不同之處特別值得我們留意，因為，正是它讓愛德恩．C．巴恩斯有別於其他在愛迪生麾下的成千上萬名年輕人，更是所有的成功者與失敗者之間最大的分水嶺。

任何人一明白金錢的用途後都會希望有錢可用，但光是眼巴巴地奢望，財富不會平白從天而降。不過，**渴望有錢的心態一旦形成，就會化成堅定的意念，然後開始規劃明確做法與手段致富，並會生出一股永不認輸的毅力步步完成計畫，最終便能財源廣進。**

卡內基、愛迪生實證！化渴望為財富的「點石成金六步驟」

所謂化渴望為財富的做法涵蓋六個明確切實的步驟：

步驟1 **心裡要明確定下一個數字。光靠耍嘴皮子說「我要賺很多錢」根本就不夠。請定下一個具體數字。**（要求明確有其心理根據，我們將在下一章討論。）

步驟2 為了達到自己企求的目標，請確實寫出你願意付出的代價。天底下沒有「不勞而獲」這等好事。

步驟3 定下一個具體日期，當作你「擁有」那一筆財富的截止日。

步驟4 打造一套實現渴望的明確計畫，無論是否已做好準備，請立即付諸行動。

步驟5 寫下一份清晰扼要的聲明。詳載你打算賺取的金額；定下截止日期；闡述你為了達到目標所願意付出的代價，並清楚描述自己如何步步實現計畫內容。

步驟6 每天早、晚大聲誦讀這份聲明。一次在睡前，另一次在晨起後。你在大聲唸誦、閱讀過程中，就會感受並相信自己已經準備好擁有這筆財富。

你得確實遵守並奉行第六個步驟，這一點非常重要。（以上六大步驟可實際運用隨書贈「思考致富實踐手冊」P3–P7）

你可能會抱怨，八字都還沒一撇，怎麼可能「看得到自己坐擁大把銀子」。此時，熱烈渴望就會前來助你一臂之力。

如果你真的超級渴望有錢，這股渴望就會變成執念，毫無困難地說服你自己相信：

終有一天一定會有錢。這六個步驟的目的是讓你渴望財富，因而形成使命必達的堅定決心，說服自己「相信」夢想終會實現。

唯有心存「致富意識」的人才可能大富大貴。致富意識指的是，自己如此全心全意地渴望致富，以致看得到自己真的已經坐擁財富了。

對於那些不理解人類心智活動原則的人而言，這些指示可能顯得不切實際；但如果這些人知道這是安德魯．卡內基親授的信條，而且他是從一名鋼鐵廠的普通工人做起，出身卑賤，卻因為採行這些原則而賺到億萬美元的財富，肯定會就此改觀。

如果他們也知道，筆者推薦的六個步驟實際上經過湯瑪士．愛迪生的縝密檢視，或許更有幫助。愛迪生為六個步驟背書，同意它們不僅是累積財富不可或缺的元素，也是達到任何目標的基本功夫。

這些步驟不要求你必然得「勞心勞力」，也不要求你犧牲奉獻；不會讓你變成誇張可笑、愚不可及的傻子；身體力行時不需要輔以高深學問。不過，你若希望這六大步驟奏效，得具備天馬行空的想像力，這樣你才能看清楚並充分理解，累積財富不能取決於機會、偶遇或走運。**你得明白，所有富甲一方的人都是從做大夢、許大願、想大事、盼**

致富祕訣04

任何人想成功，都必須抱著破釜沉舟的決心，還要背水一戰。唯有如此，才能保持求勝心態。

大財並做大計畫開始，然後才真的掙到財富。

當你下定決心獲得財富，千萬別受制於「他人的想法」

你可能也知道，自古至今，每一位偉大領袖都是逐夢之人。如果你想像不到自己坐擁金山銀礦的畫面，就別想看到它們出現在你的銀行存摺上。

對腳踏實地的逐夢之人來說，現在正有一個前所未有的大好良機，我們躬逢其盛一個競逐財富的年代，知道自己置身於一個變動的世界，需要全新想法、全新解決問題的做法、全新型態領導者、全新發明、全新教學方法、全新行銷手法、全新書籍、全新遣詞用字、全新疾病解方與全新商業及處事之道。

我們若渴望積累財富，就應該謹記，在這世界裡，真正的領袖總是能在機會尚未冒出頭之前就妥善駕馭、付諸施行那一股不具體、不可見的力量。他們會將力量或衝動思想轉化成摩天大樓、城市、工廠、飛機、汽車、更完善的醫療保健方案，以及所有能夠使生活更愉快的事物。

你計畫獲取自己應得的財富時，千萬別受他人影響，跟著輕視那些勇敢逐夢之人；反之，你若想在千變萬化的世界中贏得龐大賭注，就得效法昔日偉大拓荒者的精神。他們的夢想曾為我們的文化增添無上價值，他們的精神則維繫我們國家的血脈。現在，你、我躬逢大好機會，可以發揮自己的才能、推展自己的才智。

如果你渴望實現的目標再正確不過，而且打從心底深信不疑，那就勇往直前、放手去做！

人生有夢，築夢踏實；假使遭遇一時失敗，也請對於「他人的說法」乾脆置之不理，因為「他人」或許根本不懂「失敗為成功之母」的道理。

湯瑪士・愛迪生夢想使用電力點亮燈光，所以儘管失敗超過上萬次還是打死不退，直到最後成功變成具體事實。

腳踏實地的逐夢之人絕不輕言放棄！

萊特兄弟（The Wright brothers）夢想打造一架可以翱翔天際的飛機，現今全世界每天都看到他們的夢想劃過天際。

發明無線電的義大利工程師古列莫・馬可尼（Guglielmo Marconi）夢想發明一套掌控無線電波傳遞資訊的方法，如今全世界每一座廣播站、電視台與手機都見證了他的夢想並非紙上談兵。

當初馬可尼宣布發現一套可以隔空傳送訊息的原理，無須透過電纜或其他實體連線通訊時，他的「友人」竟然還押著他前往精神病院就醫檢查呢。

當今夢想家的境遇遠比前人順利得多。我們置身的這個世界處處可見新發現。事實上，我們也看到，那些帶給世界全新點子的夢想家確實能從中獲取應得的報償。

生命中的磨難正是解放你無窮才能的關鍵
——透過這些考驗，你將發現自己具備創造絕佳點子的天賦

現今世界機會無所不在，過往的夢想家未能躬逢其盛。想要成為一個大人物、想要闖出一片天，這股熱烈渴望正是逐夢之人踏出第一步的起點。夢想不會孕育自千篇一律、懶惰成性或缺乏企圖心。這個世界如今再也不會訕笑夢想家、也不會譏諷他們不切實際。

同時請謹記：萬丈高樓平地起、英雄不怕出身低，所有的成功人士都是歷經披荊斬棘、摩頂放踵的迢迢過程才抵達目的地。**成功人士生命的轉捩點通常都是出現在危機來襲的時刻，唯有透過考驗才讓他們認清「另一個自己」**。

作家約翰．班揚（John Bunyan，英格蘭基督教作家、布道家，其著作《天路歷程》可說是最知名的基督教寓言文學出版物。）因為宗教觀點異於主流遭捕入獄，吃盡苦頭後寫下《天路歷程》（Pilgrim's Progress）這本英國文學史上深具影響力的著作。

美國短篇小說作家歐．亨利（O. Henry）因盜用公款入獄，在俄亥俄州哥倫布市聯邦監獄服刑，從此發現沉睡在自己腦中的天分。一連串打擊迫使他認識「另一個自我」並發揮想像力，這才發現自己竟是優秀的作家，而非可悲的罪犯和歹徒。

我們的生活經常是怪事連連，而且形形色色，這些不速之客正是解放無窮才幹的關鍵，因為人們有時候會被迫經歷種種磨難，最後才得以發現，其實自己具備透過想像力

就能創造絕佳點子的天賦與能耐。

英國小說家查爾斯・狄更斯（Charles Dickens）年輕時的工作是在黑鞋油瓶上貼商標，悲劇般的初戀在他心上烙了印，讓他脫胎換骨，成為史上偉大的作家之一。

海倫・凱勒（Helen Keller）出生不久就失聰、失聲、失明，儘管遭逢人生大不幸，她的名字卻銘刻在偉人之列的歷史中。她的一生體現人生的真理，亦即——除非你視失敗為理所當然的事實，並甘於認命，否則你永遠不會被打敗。

蘇格蘭詩人羅伯特・伯恩斯（Robert Burns）是目不識丁的鄉下小孩，生活貧困潦倒，長大後又酗酒成性，但正因這段窮途潦倒的日子，促使他在詩中傳達美麗的思想，拔掉心上的荊棘，植上嬌豔的玫瑰。

音樂家貝多芬（Ludwig van Beethoven）中年失聰、英國詩人約翰・密爾頓（John Milton）失明，但因為他們都懷抱遠大夢想，而且還能成就夢想，他們的名字終將永垂不朽。

在閱讀下一章節前，請你重新點燃心頭上那一抹希望、信念、勇氣與寬容的火苗。

如果你能秉持前述心態，加上前面章節所傳授的功夫，當你做好爭取成功的準備，一切

致富祕訣05

腳踏實地的逐夢之人絕不輕言放棄！別被「他人的說法」干擾，因為「他人」或許不懂「失敗為成功之母」的道理。

將會水到渠成。

美國思想家愛默生（Ralph Waldo Emerson）如此描述這種思想：「每一句箴言、每一本書、每一句諺語，只要能提供你幫助、於你適用，必會透過直接或曲折的管道被你理解，終屬於你。」

企求某樣事物與準備好爭取它是不同的，**一個人除非相信自己有能力獲得某樣事物，否則他就不是真的準備得到它。這種心態必得是一種信念，而非單單僅是希望或企盼。**心胸開放是孕育信念的關鍵，封閉心態無法培養信心、勇氣或信念。

請謹記：**將人生的目標定在高處，追求財富與幸福，你必須付出的努力絕不會多於接受悲慘與貧窮。**

人定勝天的實例：被醫生判定終生聾啞的小嬰兒重獲聽力

在此我想介紹一位畢生所認識最與眾不同的人，當作本章精采絕倫的高潮。就在他呱呱墜地幾分鐘後，我第一次親眼看見他，當時他的頭顱兩側完全看不到耳朵。醫生承認這個小嬰兒可能終生聾啞。

我質疑醫生的意見，而且我有權利這麼做，因為我正是嬰兒的父親。我也做出一個決定並生出一套構想，但我沒有當著任何人的面說出來，而是放在心裡深處。我決定要讓兒子既能聽也能說。

造物主大可送我一個無耳嬰兒，卻不能硬要我接受現實折磨。我心中知道，我的兒子既能聽也能說，但怎麼做才好？我很確信必定有路可走，而且我一定會千方百計找出來。我想起愛默生的雋永話語：「偉大的自然之道，教導我們有信心。我們只需順從前行，如此，人人都會得到指引。只要謙恭傾聽，便會聽見正確訊息。」

關鍵字是哪一個？**渴望**！我**渴望**兒子不會終生聾啞的程度超過萬事萬物。為了實現這份渴望，我從未有過一秒鐘畏縮不前。

我該怎麼做才好？無論如何，我得找到一種方法，把心中的熱烈渴望深植兒子心中，還要找到一種手段，就算不借助雙耳，也要把聲音傳入兒子腦中。

所有想法在我心中翻騰不已，但我從未對他人提起一字一語。每天我都對自己重申這項保證，絕不讓兒子終生聾啞。

他一天天長大，開始留意四周環境，我們觀察到他尚有一絲聽覺。當他來到一般嬰兒牙牙學語的年紀，雖然沒有絲毫想要開口的跡象，不過我們能從他的行動看得出來，他還是聽得到細微聲音。這就是我想知道的重點！我深信，只要他聽得見，即使細若游絲，都可能發展出更健全的聽力。接著發生了一起帶給我無窮希望的事件。

我們買了一架留聲機，當小寶寶第一次聽到音樂時興奮地手舞足蹈，然後馬上據為己有。他很快就展現出對某些唱片的強烈偏好，其中又以進行曲〈蒂珀雷里路遙遙〉（It's A Long Way To Tipperary）最得他歡心。有一次，他不停重播這首歌幾乎長達兩個小時，人站在留聲機前張嘴咬著機器外殼邊緣。這是他自己養成的習慣，我們也不知所以，直到多年後才明白其中意義，畢竟當時我們根本未曾聽聞「骨傳導（bone conduction）」的原理。

他霸占留聲機不久後我發現，當我對他講話時，只要將嘴唇抵住他耳後的乳突骨，或是頭蓋骨下方，他其實聽得很清楚。

我認定他能清楚聽到我的聲音，隨即開始把這個能聽、能說的渴望傳到他心中。很快地我發現，小寶寶喜歡聽睡前故事，我開始編撰一些故事，意在培養他的自信心、想像力，並使他產生一股自己聽得見，當一個正常人的敏銳渴望。

其中有一則故事，每次我總愛在講述時添加一些新穎的戲劇性色彩，以便強調我的目的，即是在他心中培育出一種思想，使他能夠理解，他的缺陷並不是一種負擔，反而是價值無與倫比的資產。

我讀遍的哲學書都明白指出，**每一種缺陷都帶有相同回報的種子**，但是我得承認，當時我的腦子一片空白，不知如何將這種缺陷轉化成資產。不過，我持續實驗自創的做法，每天一點一滴地將人生觀包裹進睡前故事裡，希望終有一天兒子會自己找到出路，化肢體缺陷為一個有益的目標。

世人都認為，天底下沒有什麼適當的報償可以彌補缺少一對耳朵與自然賦予的聽力。但是，堅定信念所加持的熱烈渴望卻推翻這個理由，鞭策我勇往直前。

七歲孩童克服障礙，贏得生平第一場商戰

我分析自己的心路歷程後，現在才真切看到，兒子全心信賴我，這一點是莫大助力。他從未質疑我告訴他的任何事。我告訴他一個想法：他比哥哥多了一個天生的直覺優勢，而且這個優勢會在多年以後逐一反映。例如，學校裡的老師看到他少了一對耳朵，為此他們就會特別關照他，甚至特別善待他。我說對了，老師們真的都這麼做。他的母親去拜訪老師時便留意到這一點，老師為這個孩子提供了額外的必要看顧。

我還告訴他另一個想法，當他大到足以送報賺零用錢時（當時他哥哥已經是報童了），他還會得到比哥哥更大的好處，因為大家都會看到，雖然他少了一對耳朵，卻是個聰明勤快的小男孩，因此向他買報紙時會多給他額外的小費。

我們逐漸注意到，這個小傢伙的聽力持續改善；尤有甚者，他從未因為自己的缺陷產生過一絲一毫的自憐傾向。他七歲左右，我們第一次看到，當初為了開導他的心靈所下的功夫正在開花結果。一連幾個月，他纏著我們同意讓他去賣報紙，但他的母親不肯答應。因為她擔憂兒子走在街上時，聽力障礙會讓他身陷險境。最後，兒子決定用自己的方法做生意。

有一天下午，家中只有他與幾名幫傭，他偷偷從廚房窗戶爬出去，跑到外面去闖蕩。他向隔壁鞋匠借了六美分當作投資報紙的資金，等他轉手賣掉報紙後再回頭批發報紙來賣。就這樣來來回回好幾趟，直到傍晚才歇手。他付清借款後算算手上的獲利，總

共淨賺四十二美分。

那天晚上我們返家後他已經呼呼大睡，手裡還緊緊握著稍早賺來的錢。他的母親扳開他的手，取走銅板，忍不住哭了起來。為了這得之不易的一切！她用眼淚回應兒子生平的第一場勝利，實在不太可取。我的反應則是恰恰相反，由衷地哈哈大笑，因為我知道，我努力在孩子心中深深植入相信自己的態度，這份苦心總算沒有白費。

就這孩子生平第一場商戰而言，他的母親看到的畫面是，失聰的小男孩冒著生命危險跑上街頭賺錢；我卻看到一位勇敢、有抱負，而且自信滿滿的小商人，他百分之百相信自己，他積極主動地做起生意，而且還做成功了。這樁交易讓我滿心歡喜，因為我知道，他已經充分證明，自己有能力可以獨立掌握自己的人生。

往後陸續發生的事件一再證明我的看法正確無誤。當他的哥哥想要得到某樣東西，就會一屁股坐在地上耍賴，雙腳翹在空中亂踢，大聲哭鬧索討；但這名「失聰的小男孩」若想要某樣東西，會自己計劃一套賺錢方法，然後再花錢買下這樣東西。他一向這麼做！真的，我的兒子教會我，**除非身體有缺陷的主人視它們為障礙、當它們是擋箭牌，否則身體缺陷其實可以轉化成墊腳石，讓他踩在上面，一路攀向至高無上的目標。**

這名失聰的小男孩在聽不見老師說話，除非對方幾近大聲叫喊的情況下，一路隨著學年升級並念完高中與大學。他並沒有進入啟聰學校，因為我們不願意讓他學手語，而是決定讓他像正常人一樣生活，並與正常孩童為伍。我們一直堅持這個方向，雖然因此還數度與教職員激烈爭辯。

他就讀高中時曾試戴電子助聽器，但似乎沒什麼幫助。

直到十八年後某一天，當時他再過一星期就要從大學畢業，發生了一件改變人生的重要大事。他在偶然的情況下得到另一台別人送他試用的電子助聽器。由於過往有太多失敗經驗，因此這次他也不甚熱中。終於，他拿起助聽器，漫不經心地套在頭上，然後接上電池。老天有眼！簡直就像變魔術似的，他這一生熱烈渴望獲得正常聽覺的願望竟然瞬間成真了！這是他生平第一次感覺到，自己的聽覺和任何正常人幾乎完全一樣。

這套助聽器改變了他的世界，大喜之下，他衝向電話亭，打電話給母親，一清二楚地聽見她的聲音。隔天他破天荒地一字一句清楚聽進講課教授的聲音！他聽得見廣播、聽得見電影對白，生平第一次他不再需要請求對方大聲說話，便能自由與他人交談。千真萬確，他的世界就此從黑白變彩色了。我們拒絕接受大自然的過失，而且秉持一股堅定渴望，一步步透過實際可行的做法，導引大自然修正這項過錯。

渴望雖然已經開始分發紅利，但是革命尚未成功，這孩子仍須努力找出一套明確而實際的方法，把自身缺陷轉變成等價的資產。

致富祕訣06

熱烈渴望可以幫助一個人將自身的缺陷轉化為獨一無二的資產。

缺陷也可以成為攀登高峰的墊腳石

一開始，兒子並不太明白整件事的意義，只是陶陶然地沉醉在新近發現的聲音世界裡，因此他寫下一封信寄給助聽器製造商，興高采烈地陳述自身體驗。或許，信中可能有隻字片語打動這家公司，於是邀請他赴紐約參觀。

他一抵達就被簇擁著參觀整間工廠。正當他與首席工程師談到自己的世界一夕改變時，一道天外飛來的預感、一個念頭、一點靈感，隨便你怎麼稱呼它都可以，突然閃過他的心頭。正是這股衝動思想將他的缺陷轉化為資產，帶給他一筆財富，同時也帶給成千上百萬人幸福快樂。

這股衝動思想的大意與內涵約莫如此：他靈光乍現地想到，如果能找到一種方法，將自己重獲新生的故事分享給全世界，也許能幫助無緣獲得助聽器的百萬失聰族群脫離苦境。

當場，他就下定決心，要奉獻畢生之力為聽障同胞提供有用服務。他花了整整一個月埋首研究，分析這家助聽器製造商的整套市場行銷體系，然後打造各種能與全世界聽障族群溝通的方法與管道，以便向大家分享他的新發現，從此改變自身的世界。一等這項工作完成，他根據前述發現草擬一套兩年計畫。他將這套計畫上呈助聽器廠商，隨即為自己爭取到一份能夠真正實現抱負的工作。

他在報到時完全沒有想到，他注定要為成千上萬聽障同胞帶來希望和幫助。如果少了他，他們將注定終生與聲音絕緣。

我心中完全明白，若非他的母親和我曾經想方設法塑造他的心靈，我兒子布萊爾終其一生可能無法脫離失聰命運。

當我在他心上植入這股能聽也能說，而且要像正常人一樣生活的渴望時，一股帶有影響力的衝動思想隨之產生，它讓造物主自然地成為一座橋樑，跨越他的大腦與外部世界那一道寂然無聲的鴻溝。

我從未懷疑，熱烈渴望採用許多迂迴手法把自己轉化成實際的等價報償。布萊爾渴望正常傾聽，現在他辦到了！他天生缺少一對耳朵，這種情況原本很可能讓他成為沒有明確渴望的人，成為在街上拿著錫罐乞討的乞丐。

當兒子還小時，我在他心中植入一股像任何正常人一樣能聽也能說的渴望，如今已將渴望化為現實；我還在他心中植入一股將嚴重缺陷轉化成最重要資產的渴望，如今它也應驗實現。

信心加上熱烈的渴望，使世間的任何願望都能實現，不論那是好事或壞事都一樣，任何人都可以使用信念的力量。

信心加持的渴望，讓人跨越生命低谷重獲新生

幾年前，我有一位生意夥伴身體出狀況，而且是每況愈下，最終非得住院動手術。就在他被推進手術房之前，我看了他一眼，心裡納悶著，任何人像他這樣瘦到皮包骨、羸弱不堪，要怎樣成功熬過這場大手術的折騰？醫生也警告我，看到他活著被推出手術房的機率微乎其微。不過，這番話也僅能代表醫生的意見，而非病人的看法。就在他被推走之前，他氣若游絲地低語：「老闆，不要被他的話影響。過幾天我就又能活蹦亂跳了。」

醫療團的護士帶著遺憾的眼神看了我一眼，不過這名病人最終真的安全歸來。當一切都重新上軌道以後，他的內科醫師說：「他的求生意志太堅強，不然連神也救不了他。如果他不是從頭到尾都拒絕接受死亡，絕對不可能熬得過來。」

我相信，**信心加持的渴望威力無窮**，因為我曾目睹它將人們從谷底推升到權力與財富的高峰；我曾目睹它將悲傷從受難者的身上趕走；我曾目睹它化成重要手段，在人們被挫折用一百種方法打倒後，再度站起來演出復活記；我曾目睹它提供我兒子正常、快樂又成功的人生，儘管造物主把他帶進這個世界時忘了給他一雙耳朵。

一個人如何能駕馭並善用渴望的力量？前一章已經回答過這個問題，往後章節也會繼續為各位解惑。

我希望廣泛傳達這個思想：**所有成就，無論本質或目的何在，都應該源自對某事某**

物產生一股強烈、熾烈的渴望。透過「心靈化學作用」某種奇妙又強力的原理運作，造物主會將強烈渴望的衝動思想包在「某項神蹟」裡，它拒絕接受「不可能」，也拒絕舉白旗認輸。

全心渴望財富，直至可以看到財富就在眼前。

成功人士思維 02
致富，始於渴望有錢！

- 渴望有錢的心態一旦形成，就會化成堅定的意念，開始規劃明確做法與手段致富，並生出一股永不認輸的毅力步步完成計畫。
- 心存「致富意識」的人才可能大富大貴。你必須全心全意地渴望致富，以致看得到自己真的已經坐擁財富了。
- 成功人士生命的轉捩點通常都是出現在危機來襲的時刻，唯有通過考驗才讓他們認清「另一個自己」。
- 將人生的目標定在高處，追求財富與幸福，你得付出的努力絕不會多於接受悲慘與貧窮。
- 所有成就無論本質或目的何在，都應該源自對某事某物產生一股熱烈的渴望。

將渴望轉成行動與成就

——知名演員、美國加州州長阿諾．史瓦辛格（Arnold Schwarzenegger）

阿諾．史瓦辛格生長在奧地利，從小身體瘦弱的他，受訓立志成為舉重選手。十八歲那年，他首次奪得環球健美先生冠軍，之後四年連續摘金。在二十一歲時移民美國。

在健美這一行達成榮耀成就後，阿諾另尋可以發揮天賦的領域。他憑藉著毅力爭取到《王者之劍》（Conan the Barbarian）主角的機會，開啟一系列動作片的電影生涯，成為好萊塢史上片酬最高的明星。

電影事業攀登至高峰之後，阿諾又轉戰商界，開設連鎖餐廳、投資房地產，積極涉足其他事業領域，成為一名成功的企業家。

二〇〇三年，阿諾宣布參與州長補選，贏得壓倒性的勝利，連任兩任加州州長。

除了在各領域事業的成功，阿諾還有一項重要成就：為人群服務。他向年輕人推廣健康與健身理念；並深入內陸城市，鼓勵孩童遠離暴力與犯罪，堅決向毒品、槍枝與不良幫派說「不」，而且要積極受教育。

阿諾在勵志演說〈成功的六個祕訣〉中提到，成功的首要條件就是先擁有明確的目標，「知道自己想成為怎麼樣的人」。決定你的目標之後，要勇於打破常規；別因恐懼失敗就裹足不前；即使不被看好，也要相信自己，才能創造無人能及的新紀錄；一旦下定決心，就要盡全力做到最好！最重要的是，當你成功達成目標、實現夢想之後，要為這個社會貢獻你的力量。

從阿諾身上我們可以學到許多寶貴經驗。在設定目標方面，你不需局限在任何單一領域。阿諾原本可能畫地自限，只在健身領域發展，同樣可以名利雙收，但他卻願意懷抱更大夢想、設定更高目標，努力一一達標。每個渴望成功的人都該像阿諾一樣，不被他人的批評或想法打敗。當初作為演員出道時期，很多人小看他在電影中的演戲天分，但他不畏勸阻，持續追求自己的目標，締造在健美界、電影界、商界、政界上的優異成績，成為人人眼中的傳奇成功人士。

知名演員、美國加州州長阿諾・史瓦辛格的成功祕訣——

不要被他人的批評或想法打敗！

參考資料：阿諾・史瓦辛格勵志演說〈6個成功的祕訣〉（Six Secrets to Success Speech）

第二章

成功白金法則2
建立信心
——想像並相信渴望終獲實現

如果可以的話，
我也希望自己能成功、變有錢……
不過，這樣的想法是不是
太不切實際了……
普通人
我有信心我能成功致富，
我幾乎可以看到自己功成名就，
坐擁富裕生活的景象。
成功人士

信心讓人無所不能、心想事成

信心是心靈的催化劑。當信心結合意念的脈動，潛意識會立刻接收到那股脈動，隨即將它轉化為對等的精神力量，然後再直通「無窮智慧」。整個過程運作與祈禱無異。

信心、愛和性是最強烈的正面情感。當三者合為一體，便能發揮為意念「渲染」的作用，直達我們的潛意識，然後再轉化為對等的精神力量。這就是無窮智慧回應我們意念的唯一管道。

信心是一種心理狀態，透過自我暗示，對潛意識給予肯定或反覆提示即可產生。

就拿本書當作實例，試想看看，你為了什麼目的展閱本書。想當然耳，你的目標應該是想要獲得一種力量，將渴望的抽象思考轉化成金錢之類的實際報償。你若能遵循第三章〈自我暗示〉、第十一章〈開發潛意識〉這兩個章節列舉的指示，你就能使自己的潛意識深信自己能夠獲得所追求的一切。潛意識會回傳給你的「信心」，隨後促成你想出達成目標的明確計畫。

只要你嫻熟使用本書的十三個成功法則，你便可以依自己的意志建立信心，因為運用這些法則，你自然就會處於充滿信心的心理狀態。

反覆對你的潛意識下達確切指令，正是培育信心的唯一途徑。

一位知名犯罪學家所說的一番話，或許可以讓你更清楚理解，為何好人有時候也會作惡，他說：「當人們初次犯罪，他們會深惡痛絕；如果他們持續犯罪一段時日，就會習以為常，還能泰然處之；一旦他們長期犯罪，最終便會張臂歡迎罪行，而且還會被它左右。」

同理，如果反覆將任何一股意念傳達給我們的潛意識，最後它就會完全接受，並聽命這股衝動行事。潛意識會根據最實際可行的程序，將衝動轉化為外顯的行為。

這句話值得深思：所有被情緒渲染的意念（亦即感情）一旦與信心結合，將立即轉化為有形的對等物質報酬或實質事物。

在賦予意念活力、生命和行動的元素當中，信心、愛和性對心靈的影響最大，一旦與意念結合，所產生的行動力之大，絕非其他元素所能相提並論。意念不論是和信心結合，或是跟任何正面或負面情緒結合，都會進入潛意識，進而造成影響。

沒有人天生「注定」是窮光蛋

從以上說明你應該理解到，潛意識會將負面或具破壞力的意念轉化為相對應的實體，正如它也會將正面或具建設性的意念轉化為相對應的實體。這種情況便足以說明一種奇怪現象，為何成千上百萬人會遭逢悲慘經驗或「厄運」。

成千上百萬人相信，自己天生「注定」是個窮光蛋，因為某些無以名狀的外力導致他們無力掌控人生。其實是他們將這種負面思維傳達至潛意識，才轉化為相對應的實體，他們其實才是打造自己「悲慘一生」的推手。

此時此刻是再度提醒你的大好時機，**如果你不斷將渴望傳達至潛意識，你就能夠獲益良多，它會如你所願轉化成相對應的實體報酬或金錢報償。**你的信心正是決定潛意識活動的關鍵元素，當你透過自我暗示對潛意識下達指令時，沒有任何事可以阻擋你「善意欺騙」它，正如我善意欺騙了我兒子的潛意識。

你若想讓「善意謊言」更真實，當你將意念傳達至潛意識時，請表現得你彷彿已經擁有夢寐以求的事物。由信心下達的指示，潛意識會以最直接、實際可行的方式，將它轉化成相對應的實體。想必我的解說已經夠詳細了，這類話題到此為止，現在你可以開始練習如何讓信心與潛意識相結合，進而讓它轉化為相對應的實體報酬。唯有練習才能熟能生巧，光靠埋頭苦讀書中的指示並無法創造完美。

由正面情緒主宰的心智，最有利於產生「信心」的心理狀態。在這樣的狀態下，你可以隨意對潛意識下達指令，讓後者全然接受並即刻採取行動。

信心透過自我暗示就能催化生成

自古至今，宗教領袖不斷向飽受苦難的我們宣揚，要對這項教條「有信心」、對那項教條「有信心」，還要對其他所有教條有信心，但是他們沒有昭告大眾，如何才能培養信心；他們都沒有明說，信心是一種狀態，可以透過自我暗示催化生成。

在此，我們將以淺顯的文字，說明缺乏信心的人可以採用什麼原則培養信心。

信任自己、信任上天。

開始之前，再提醒你一次：

「信心」是永恆的生命泉源，它為意念注入生命力、活力與行動力！

「信心」是積聚所有財富的起始點！

「信心」是一切奇蹟的基石，也是所有科學原理無法分析解釋的奇妙事物！

「信心」是療癒失敗的唯一解藥！

「信心」是一種化學元素，當它與虔誠祝禱合而為一，就能賦予一個人直接與無窮智慧溝通的能力。

「信心」能將人類有限心靈創造的平凡意念，轉化成對等的靈性思維。

「信心」是一種媒介，唯有透過它，人們才能駕馭並掌握無窮智慧。

前述每一道聲明都禁得起時間考驗！

要知道自我暗示的原則有多神奇，證明方法非常簡單。在此，先讓我們集中注意力在自我暗示這個主題上，並找出它究竟有何能耐達成何等目標。

一個人如果不斷對自己洗腦，無論內容是真是假，最終他都會信以為真。這已是眾所周知的事實。如果他一再重複連篇謊言，最終他甚至會把謊言認定為事實；尤有甚者，他還會信以為真。我們每個人各有各的個性作風，正是因為我們的中心思想各不相同。如果你刻意抱持某種思考，而且細心加以培育，當它與其他一種或多種情感結合匯聚而成的強大力量，就會驅策、引導並控制我們的一舉一動！

以下真理至關重要，請務必牢記：**意念與任何感覺或情緒結合時會聚積出一股「磁力」，不斷從大氣中的脈動召喚類似或相關的意念。**

一個被情緒「磁化」的意念就好比是一顆小種子，當它被植入沃土中，就會開始發芽茁壯，不斷自我複製，直到最後，原本一顆小種子將會繁衍出不計其數的同類種子！

人類心智不斷吸引各種能夠主宰意念的脈動。任何人心頭浮現的想法、點子、計畫或目標，會吸引許多與它相同頻率的事物，匯聚成一股力量，日益茁壯，直到終有一日成為一股具有激勵作用的主宰力量。

現在，且讓我們回到起點，找出原本僅是點子、計畫或目標的小種子是如何被植入每個人的心中。

答案很簡單：任何點子、計畫或目標都能透過「反覆思考」植入人心，因此前面才會要你擬定聲明，寫下你的明確目標或主要大方向，牢記在心，日日大聲反覆誦讀，直到這些聲波脈動傳達至潛意識。

下定決心拋除周遭所有的負面干擾因子，著手打造自己的人生秩序。當你在盤點心靈的資產負債表時會發現，自己最大的弱點就是缺乏自信。你可以發揮自我暗示的力量克服這道障礙，並將膽怯轉化勇氣。

想要自我暗示很簡單，你可以先將正面想法付諸於文字，然後反覆背誦，直到它們深化成潛意識的工作守則。

自信方程式——自我暗示的咒語

一、我知道我有能力實現明確的人生目標。因此我要求自己努力不懈，持續行動，直到抵達終點。此時此刻我保證一定會採取這項行動。

二、我確知，我心中的主宰意念終有一天會潛移默化成我的外在舉止，化為實際行動，並逐漸轉變成有形的事實。因此，我決定每天集中精神三十分鐘，細細思量自己決意想要成為什麼樣的人，進而在心中打造出一幅清晰的心靈圖像。

三、我知道，透過自我暗示的原則，我心中堅持守護的任何渴望終將找到具體的實際方法達成目標。因此，我決意每天花十分鐘要求自己培育自信心。

四、我已經清楚寫下一份聲明，闡述人生中明確的首要標的。我決意鍥而不捨地嘗

試，直到成功為止。

五、我完全理解，除非財富與地位奠基於真理與正義之上，否則可能旦夕不保；因此，我堅決不做出任何對別人不利的行為，而是發揮自己希望能夠善用的吸引力，同時爭取別人的合作，以取得成功。我會拿出樂於服務別人的精神吸引其他人為我服務；我將發揮博愛世人的精神消除仇恨、豔羨、嫉妒、自私和懷疑，因為我知道渾身帶刺並不能為我帶來成功。我會努力讓別人信任我，因為我會信任他人一如信任自己。我將在這份聲明上寫下我的名字，將內容銘記在腦中，每天大聲反覆背誦。

六、我有充分信念，它將逐漸影響我的思想和行動，讓我變成一個自信成功的人。

這一條方程式的原理，至今無人能明確解釋。自古以來，科學家總無法參透個中精妙，心理學家則稱其為「自我暗示」並沿用至今。無論如何，大家怎麼稱呼它其實不重要，重要的是，如果人人運用得宜，追求光榮與成功多半無往不利；反之，倘若運用不當，也會立即產生破壞力強大的後果。

你可以從這句話找到一項重要真理：**那些被失敗擊垮的人在貧病交加、悲慘困苦中度過一生，正是因為自我暗示法則用錯地方。**個中道理一言以蔽之：所有意念都會外顯化為相對應的實質狀況。

你就是你所「認為」的那種人——潛意識的力量

潛意識（就像化學實驗室，所有意念都在此相互結合，並轉化成有形實體）無從區別建設性與破壞性的意念，我們提供潛意識什麼，它就做什麼。潛意識會實現源自恐懼的念頭，一如它會實現源自勇氣或信心的念頭。

如果將電力發揮在有建設性的用途，它可以維持工業運轉並提供有用服務，一旦使用不當便將毀掉一切；**自我暗示的法則也一樣，它可以使你得到幸福和財富，也可以讓你墜入悲慘、失敗與死亡的深淵。結果如何，端視你理解、應用它的程度而定。**

如果你的心中充滿恐懼、猜忌與懷疑，壓根不相信自己有能力足以連結並善用無窮智慧的力量，自我暗示的法則就會渲染你這種缺乏信心的精神，將它當成你的行事準則，任由你的潛意識將它轉化成有形實體。

致富祕訣07

反覆對你的潛意識下達確切指令，正是培育信心的唯一途徑。一個人如果不斷對自己洗腦，無論內容是真是假，最終他都會信以為真。

強風能將一艘船吹向東邊，卻將另一艘船吹向西邊，自我暗示的法則亦然，它會依循你設定的意念風帆前進，既可以讓你平步青雲，也可以讓你粉身碎骨。任何人只要能善用自我暗示的法則，就可以力爭上游，攀上出人意料的成就高峰。

以下詩句貼切地描述了這種力量：

如果你「認為」自己會輸，那你就是會輸，
如果你「認為」自己不敢，那你就是不敢，
如果你想獲得勝利，卻認為贏不了，
那你九九．九％與勝利無緣。

如果你「認為」會失敗，那你就會失敗，
因為我們發現，在這個世界裡，
成功始自人的意志，
勝負完全取決於「心態」。

如果你「認為」自己落後，那你就是落後，
你必須先「想要」攀爬人生高峰，
你必須先「對自己有信心」，

這樣才有技壓群雄的機會。

人生的大大小小戰役中，
威武強壯、速度敏捷的人不必然永遠是贏家，
但是那個「永遠抱持必勝想法」的人，
遲早會得到勝利女神眷顧！

信心能喚醒你沉睡的成功天賦

在你身上某一個角落（或許是大腦的細胞），功成名就的種子還在熟睡，一旦有一天被喚醒要採取行動，它就會引領你攀爬從未想過的高峰。

正如技巧嫻熟的小提琴家撥動琴弦就能演奏出最美妙的樂章，你也可以喚醒在腦子裡熟睡的天才，鞭策它前進，完成你企望達到的任何目標。

美國前總統亞伯拉罕．林肯（Abraham Lincoln）的前半生堪稱超級失敗者，什麼事都做不好，年屆不惑人生才突然急轉彎。原本他是一個鄉下來的無名小卒，一場重大的人生變革卻突如其來，不僅從此喚醒在他腦子與心中熟睡的天才，並帶來人類歷史上最偉大的英雄之一。這場「變革」融和了悲傷與情愛的成分，正是他畢生唯一鍾愛的初戀情

人安・拉特利奇（Anne Rutledge）驟然病逝帶給他的經歷。

世人皆知，愛這種情感和信心所形成的心態極為相近，前者輕易就能將一個具體的意念轉變為同等的精神力量。作者在研究過程中發現，幾百位事業發達、成就斐然的傑出人士裡，幾乎每一位的背後都有一名女性愛的力量影響他們。

信心的力量極為強大，耶穌基督即是一例。基督教的基礎精神就是信心。儘管有許多人誤解了這股偉大力量的意涵。

基督教的教義與成就經常被解釋為「神蹟」，其實重點就在信心。若說有任何奇蹟事項，也都是透過信心辦到的。

且讓我們回顧歷史名人印度聖雄甘地（Mahatma Gandhi）的所作所為，一窺信心的力量何其大。這位賢者讓全世界見證一場最震懾人心的信心之旅。甘地發揮的潛能遠遠凌駕當代所有人，但事實上他手上毫無任何世俗所認定的權力工具，諸如金錢、戰艦、士兵與作戰裝備。甘地一貧如洗、居無定所，甚至連一套像樣的衣服都沒有；然而，他的力量無遠弗屆。這股力量究竟是打哪兒來的？

因為他瞭解信心原則，所以創造了這股力量。並透過自身的能力，將信心轉植在兩億人民心中。甘地達成了驚人成就，他影響了兩億人民，使他們同心協力，意念一致。

試問除了信心，這世界上還有什麼力量足以實現如此規模的成就？

一場價值十億美元的餐後演說

經營工商企業需要信心與合作，因此我在此分析一則趣味盎然、獲益良多的事例，闡述工業鉅子、商業巨賈如何先給後得，積沙成塔累積鉅富。

一九〇〇年，美國鋼鐵公司（United States Steel Corporation）的成立，使我們瞭解意念如何轉化成龐大財富。

如果你也曾好奇，超級富豪如何積累出鉅富，以下這一則憑空創立美國鋼鐵公司的故事將帶給你啟迪作用；如果你曾經懷疑動腦思考就能致富的論點，這一則故事應該能化解你的疑慮，因為你可以在故事中清楚看見，它切實應用本書具體描述的十三個成功法則。

這篇描述意念強大力量的故事出自《紐約世界電訊》（New York World-Telegram）的約翰．羅威爾（John Lowell），他精采敘述個中緣由，本書取得他本人同意，獲准轉載：

一九〇〇年十二月十二日傍晚，全國八十多位金融鉅子同聚在第五街的大學俱樂部宴會廳聚餐，向一名來自西部的年輕人致敬。當時沒幾個人當下便明白，自己即將親眼見證美國工業史上寓意最深遠的一段插曲。

紐約銀行家J．愛德華．西蒙斯（J. Edward Simmons）與查理斯．史都華．史密斯

（Charles Stewart Smith）兩人日前造訪匹茲堡，備受查理斯．M．施瓦布（Charles M.Schwab）禮遇，心中滿懷感激，因此安排這場晚宴，藉機向東岸銀行圈介紹這位年僅三十八歲的鋼鐵界菁英。不過，他們不想看到他搞砸這場餐敘，事實上，他們還事先警告他，這個小圈圈裡的紐約客各個自命不凡，沒興趣聽長篇大論的演說；而且，如果他不想讓史帝利曼（Stillmans）、哈利曼（Harrimans）與范德堡（Vanderbilts）等家族大老翻白眼的話，致詞最好限縮在十五分鐘以內，最多不超過二十分鐘就得趕緊下台一鞠躬。

當下，坐在施瓦布右側的約翰．皮爾龐特．摩根（John Pierpont Morgan，即摩根大通創辦人）也僅打算短暫停留為晚宴增光而已。對媒體和大眾而言，整場宴會無足輕重，隔天報紙版面上沒有任何相關報導。

就這樣，兩位主人與全體貴賓享用了七、八道精緻佳餚，其間鮮少交談，而且話題也很有限。儘管施瓦布的事業已在賓州的莫農加西拉（Monongahela）沿岸經營得有聲有色，但在場的銀行家和股票經紀商幾乎都未曾與他打過照面，因此也就沒有人熟稔他的來歷。不過，就在晚宴即將結束，摩根先生與眾人紛紛起身離去之前，美國鋼鐵公司這家身價高達十億美元的初創企業即將誕生。

說來相當可惜，歷史上完全找不到查理斯．M．施瓦布當晚演說的隻字片語。

雖然那段演說平淡無奇，就像「家常式」演說，文法不甚通順（因為施瓦布向來懶得精心雕琢文句），然而言語之間不乏雋永語句，而且處處機鋒。不過，這場演說強力震撼並衝擊在座估計身價高達五十億美元的賓客，以至於直到晚宴結束，施瓦布也已經滔滔不絕地高談闊論九十分鐘，全場人士依舊意猶未盡。摩根領著這位天才演說家來到隱蔽的窗邊，兩人就坐在不太舒適的高腳椅上，翹起二郎腿繼續商談一個多小時。

施瓦布將個人魅力發揮得淋漓盡致，重要的是，他針對強化鋼鐵業體質提出一套成熟完善、精確縝密的計畫。一直以來，不乏有各界人士極盡所能地吸引摩根效法餅乾、電纜、製糖、橡膠、威士忌、石油或口香糖等產業合併模式，籌組鋼鐵業托拉斯。好比投機客約翰．W．蓋茲（John W. Gates）就曾經極力慫恿摩根，但後者信不過他；芝加哥的股票經紀商摩爾（Moore）兄弟檔比爾與吉姆（Bill and Jim），他們曾經成功媒合火柴業托拉斯與一家餅乾公司，也向摩根大力鼓吹但功敗垂成；道貌岸然的鄉下律師艾伯特．H．蓋瑞（Elbert H. Gary）同樣想要促成此事，不過人微言輕，沒有讓摩根留下深刻印象。直到施瓦布使出口若懸河的功夫將摩根的視野推到最高峰，後者才真正看清楚，這樁地表最大膽的金融承銷構想頗有大發利市的機會，這項計畫也因此被視為金錢狂想者的狂妄大夢。

早在上一個世代，商業海盜約翰．W．蓋茲就看準，在利之所趨的潮流下，小本經營或營運不佳的企業願意合併成大規模、具壓倒性競爭力的公司，以便搶占市場，於是

致富祕訣08

自我暗示很簡單，你可以先將正面想法付諸於文字，然後反覆背誦，直到它們深化成潛意識的工作守則。

他施展手腕將這套思維引進鋼鐵業。蓋茲已經先將一連串小型業者合併為美國鋼鐵電纜公司（American Steel and Wire Company），還與摩根合力創辦聯邦鋼鐵公司（Federal Steel Company）。但另一頭卻是安德魯·卡內基聯手五十三位合夥人共同經營的超大型托拉斯，兩者規模簡直是小巫見大巫。小企業或許可以愛怎麼合併就怎麼合併，但論及整體影響力，卻仍動不了卡內基組織一根寒毛。這一點摩根也心知肚明。

脾氣古怪的蘇格蘭老傢伙卡內基的雙眼也是雪亮得很，從他立足的史基博城堡（Skibo Castle）遼闊高地看出去，摩根的眾多小公司企圖乘隙切入自己的事業，一開始他只覺得好玩，後來慢慢轉化成惱怒。隨著對方的行動益加放肆，卡內基也跟著老羞成怒，一心想報復，他決定複製對手每一家工廠的模式。創業至今他一直對電纜、管線、環圈或薄鋼板不感興趣，反之，他更想把生鋼賣給這類公司，讓它們把鋼材製成自己想要的產品；如今，他有了施瓦布這名頭號得力助手，便開始計畫一舉擊垮敵手。

這就是查理斯·M·施瓦布當晚演說的重點，讓摩根從中看清自己主導的合併案問題所在。一個少了卡內基這種標竿人物的托拉斯根本稱不上托拉斯，正如梅子布丁卻少了梅子。

毫無疑問，一九〇〇年十二月十二日傍晚，施瓦布的演說雖無法提供任何保證，卻明確表達一個論點，亦即龐大的卡內基企業有可能納入摩根麾下。他高談闊論全球鋼鐵業的未來、談到有效的組織重整、專業分工、關閉經營不善的工廠，並集中拓展成績斐然的產業、礦砂運輸的經濟結構、人事管理部門的經濟效益，還談到進軍海外市場。

除此之外，他還明白對著席間的投機派指出，他們一貫的侵犯行為有何錯誤。施瓦布推論，他們的目的在於壟斷市場、哄抬價格，然後藉由寡占特權從中牟取暴利。他由衷譴責這套機制，還向在場聽眾明白表示，這套經營策略實屬短視近利，並點出一項事實：在一個百業爭相壯大的時代，它只會阻礙市場發展。他力陳唯有降低鋼鐵成本才能打造一個蓬勃拓展的市場、為鋼鐵開發更多新式用途，並進而掌握全球泰半貿易市場。事實上，雖然施瓦布本人渾然不覺，但他儼然成為現代化量產做法的鼓吹者。

大學俱樂部的晚宴就此結束。摩根回家後不斷思索施瓦布的美好展望；施瓦布返回匹茲堡，繼續為卡內基經營鋼鐵生意；而蓋瑞與其他同業則各自回去盯著股票漲跌，百無聊賴地等待下一波行動。

這段沉潛時期並不長。摩根花了大約一星期反覆咀嚼施瓦布理性思考後的美好願景，一等他確定財務調度不至於出現漏洞，便請施瓦布移駕一趟，這時卻發現這位年輕人開始故作扭捏。施瓦布暗示，卡內基先生曾矢言絕不與華爾街打交道，要是他發現，自己最信任的公司總裁竟然和華爾街總司令暗通款曲，恐怕會火冒三丈。於是中間人約翰・W・蓋茲建議，如果施瓦布「碰巧」出現在費城的貝勒維飯店（Bellevue Hotel），摩根很可能也會「碰巧」在那裡現身。不過，當施瓦布抵達時，摩根卻不巧地臥病於紐約的家中，因此在這位長者的盛情邀請下，施瓦布轉赴紐約，最終出現在這位金融大亨的書房裡。

時至今日，有些經濟歷史學家抱持一種觀點，其實這齣戲從頭到尾都是安德魯・卡內基一手編導，無論是晚宴款待、發表著名演說，或施瓦布與金主的週日晚間密會，都是這位老謀深算的蘇格蘭人運籌帷幄的成果。但事實恰恰相反。當施瓦布受邀去談妥這樁交易時，根本毫無把握他口中的「小老闆」是否願聞其詳，特別是買家團在卡內基眼中實在稱不上高尚。不過，施瓦布走進摩根的書房時，手上確實握著六張他本人親筆書寫的銅版印刷數字，各自代表每一家鋼鐵公司在他心中的實際價值及潛在獲利能力，他認為，這幾家公司必將成為新興金屬業中的明日之星。

四個人徹夜仔細盤點數額，主導者當仁不讓是摩根。他深信金錢萬能的道理；跟在身邊的貴族合夥人是學者兼紳士的羅伯特．貝肯（Robert Bacon）；第三位與會者是摩根笑貶為投機客的約翰．W．蓋茲，摩根只當他是好用的工具；最後就是施瓦布了，他是當時最瞭解鋼鐵的生產及銷售流程的人。整場會開下來，從未有人質疑施瓦布提出的數額。如果施瓦布說某家公司值多少錢，全體當他說了就算，不多也不少。他也堅定立場，只願購併他指定的幾家公司。他精心想出來的組織結構裡不容重複分工的空間，而且就算是朋友出於貪念，想乘機將自己的資產脫手給摩根這位超級金主，他也不肯讓他們稱心如意。

黎明將至，摩根站起身、挺起背。終於只剩下最後一個問題。

「你覺得有辦法說服卡內基出售嗎？」摩根問。

「我會試試看。」施瓦布說。

「如果你能說服他出售，我就攬下這件事。」摩根說。

截至目前為止，事態進展順利。但卡內基會願意出售嗎？若是，他會開出什麼價格？（施瓦布暗忖約莫三億兩千萬美元）他接受哪一種付款形式？普通股還是優先股？債券？現金？誰也無法籌到三億兩千萬美元現金。

一月時，威徹斯特郡（Westchester）的聖安德魯高爾夫球場有一場高爾夫球局。卡內基和施瓦布在結霜的石南荒原上揮杆，前者穿上毛衣禦寒，後者則一如既往地一開口就滔滔不絕，以提振精神。但他們倆隻字未提生意經，直到一同轉赴卡內基位於球場附近的別墅，坐躺在溫暖舒適的氛圍裡，施瓦布才再度祭出不久前曾在大學俱樂部收服八十位超級富豪的說話術，娓娓道出一連串讓人眼睛發亮的承諾，包括老夥伴可以坐享數百萬美元進帳，過著無憂無慮的退休生活。卡內基舉白旗投降，隨後在紙條上寫下一個數額，遞給施瓦布時說：「好啦，這就是我要賣的價格。」

他的開價約莫四億美元，離施瓦布設想的三億兩千萬美元底價不遠，只是再加上過去兩年大約八千萬美元的資本增值。

後來，這位蘇格蘭人曾在一艘橫渡大西洋的郵輪甲板上對摩根說：「早知道我就再追加一億美元。」

致富祕訣09

財富始於起心動念。信心可以消弭一切限制。當你準備和人生討價還價時，無論開出多高的價格，最終都是信心決定結果。

「就算你真的開這個價錢，我也很樂意照付。」摩根開心笑答。

這件事當然引發一陣騷動。一位英國記者報導，這樁鉅額併購案令海外鋼鐵界「驚駭莫名」。耶魯大學校長哈德利（Hardely）宣稱，除非立法管制托拉斯，否則美國「不出二十五年，華盛頓會出現一個帝王」。但是，能幹的股市操縱者基尼（Keene）強力推銷這批估計近六億美元的新股票，轉眼間便搶購一空。卡內基得到數百萬的獲利，摩根集團在這場「混亂」中獲得了六千兩百萬美元的進帳，而蓋茲等「小弟」也獲得數百萬美元。

年僅三十八歲的施瓦布當然也得到他應有的報償，他擔綱這家新公司的總裁，直到一九三零年。

意念有多強，衍生的財富就有多大

本書之所以納入這則大企業之間充滿戲劇張力的故事，正因為它完美闡明渴望確實能被轉化成有形實物的真理。

美國鋼鐵公司這個超大組織就是單單一個人發想出來的成果。整套計畫也是他一手擬定並收購數座鋼鐵廠，穩定這個組織的財務狀況。他的信念、渴望、想像力與毅力在在都是創造美國鋼鐵公司的材料。當這個組織獲准營運後便逐一收購鋼鐵廠與機器設備，不過，仔細分析將會發現，這些工廠在合併成同一家公司統籌管理後，預估價值比合併前高出六億美元。

換句話說，**查理斯．M．施瓦布一個福至心靈的念頭，加上他傳達給摩根與其他超級富豪的信心，相當於創造出一筆高達六億美元的利潤**。這難道不是一個點子創造驚人成就的明證！

美國鋼鐵公司繁榮成長，這家企業一路茁壯成全美國最財大勢大的企業體之一，不僅聘僱成千上百萬名員工、開發鋼鐵多元新用途，並進而開啟全新市場，因此也證明，施瓦布一個念頭就產出六億美元獲利，非常值回票價。

財富始於起心動念。**唯有意念動搖，才會限制財富的規模**。信心可以消弭一切限制。愚公移山是耳熟能詳的故事。請謹記，當你準備和人生討價還價時，無論開出多高的價格，最終都是信心決定結果；同時也請謹記，打造全美鋼鐵公司的年輕人原是沒沒無聞的小夥子，當時他的身分僅是安德魯．卡內基的「得力助手」，直到他提出留名青史的構想才改變一切。從此以後，他很快就爬上職涯的權力、名聲與財富高峰。

所有意念都會外顯化為相對應的實質狀況。

成功人士思維 03

反覆對潛意識下達確切指令，培育信心。

- 不斷將渴望傳達至潛意識，你就能夠獲益良多，它會如你所願轉化成相對應的實體報酬或金錢報償。

- 正面情緒主宰的心智，最有利於產生「信心」。在這樣的狀態下，你可以隨意對潛意識下達指令，讓後者全然接受並即刻採取行動。

- 自我暗示可以使你得到幸福和財富，也可以讓你墜入悲慘、失敗與死亡的谷底深淵。端視你理解、應用它的程度而定。

- 財富始於起心動念。唯有意念動搖，才會限制財富的規模。

對自己的天賦抱持信心，就能名利雙收
——坦伯頓基金集團創辦人約翰．坦伯頓爵士（Sir John Templeton）

約翰．坦伯頓爵士（一九一二年～二〇〇八年），生於美國田納西州溫徹斯特（Winchester），英國著名股票投資者、企業家與慈善家，坦伯頓基金集團創辦人，共同基金的先驅者。

坦伯頓精於投資的程度遠勝於一般人，這是因為多數人都聽憑情緒、無知做出投資決定，而非依據常理判斷。他自認為，發揮投資所長不僅可以提供一小群投資人必需的服務，更可以為自己賺進金山銀庫。

坦伯頓在一九五四年提出共同基金投資的觀念，並成立第一檔全球股票基金。這種做法堪稱是首創先例，因為共同基金在當時尚且算是相對新穎的概念。坦伯頓把這項觀念琢磨成現在我們所熟知的型態。

一個人只要對一個想法抱持足夠信心，不僅能名利雙收，還可以幫助不計其數的人財源廣進。約翰．坦伯頓爵士正是這麼一位對自己的天賦抱持十足信心的人，因此能開創安全又高獲利的投資事業。

坦伯頓最知名的「十大投資心法」對現代投資人影響甚深：他深信絕對不要追隨群

眾，應採用逆勢操作（Don't follow the crowd）；另外，投資應以個股的價值為考量，而非市場前景或經濟趨勢，選擇價值被市場低估的股票長期投資，靜待市場回升至合理價值，才能賺取超額的利潤。他獨具慧眼的前瞻視野，使其終生成就臻至巔峰。

坦伯頓致富後，全心投入慈善事業，每年捐贈大筆金額給慈善基金會，最終在退休天堂巴哈馬群島以九十五歲高齡辭世。他將近一世紀的精彩人生，贏得財富、事業、尊敬和悠閒，絕對是「超完美人生」的最佳典範。

坦伯頓爵士被喻為全球最具智慧以及最受尊崇的投資者之一。《富士比》雜誌稱他為「全球投資之父」及「歷史上最成功的基金經理人之一」。

坦伯頓基金集團創辦人約翰．坦伯頓爵士的成功祕訣——

抱持信心，不僅能名利雙收，還可以幫助許多人！

參考資料：〈「20世紀最偉大操盤手」坦伯頓辭世，10大投資心法成經典〉鉅亨網，2008.07.10

第三章

成功白金法則3
自我暗示
——影響潛意識的媒介

我每天都練習了致富聲明，
但這樣真的有用嗎……
普通人
當我唸著致富聲明，
我感到熱血沸騰，
一股正面的激勵力量
像電流般流過我的身體！
成功人士

任何人都可以透過自我暗示改變人生

自我暗示意指，一切透過五感傳達到我們心智的自我指示與刺激。換句話說，「自我暗示」就是對自己下達暗示。自我暗示是一種溝通媒介，可以將意識思考的結果，傳達至負責產生行動的潛意識。

一個人選擇抱持的想法（無論負面或正面），都會透過自我暗示將這些意念傳達到潛意識，進而發揮影響力。

造物主自有祂的法則，人類天生就擁有絕對的掌控力，可以自主決定哪些想法可以透過五感傳達到潛意識，不過我的意思並非人人隨時都能善用這股控制力；多數的例子也證實，我們多半不會行使這股力量，這一點足以說明為何有這麼多人終生貧困。

請回想前面章節闡述的內容，潛意識就像是一畦肥沃的園地，一旦未能灑下有價值的作物種子，便將成為雜草蔓生的荒地。自我暗示是一種控制媒介，透過它每個人都可以自主選擇具有創造力的思維滋養潛意識；或是漫不經心地，任由破壞性的意念在這裡為所欲為。

你在第一章〈熱烈渴望〉學到化渴望為財富的六大步驟，最後一個步驟是每天大聲朗誦一份形諸文字的聲明兩遍，然後就會看到並感覺到自己已經準備好擁有這筆財富。你只要切實遵循指示，就能透過絕對的信心將渴望達成的目標直接傳達到潛意識。反覆演練這些步驟，就會自動培養出良好習慣，幫助你將渴望轉化為等值的財富。

致富祕訣 10

培養「財富意識」時，學會將充滿感動與信心的思想或語句傳達給潛意識。

充滿感情的渴望聲明才能打動潛意識

在你繼續往下讀之前，請翻回第一章，鉅細靡遺地重溫這六個步驟。然後，等你有一天讀到第六章〈條理分明做計畫〉，同樣請鉅細靡遺地閱讀教你組織「智囊團」的四個指示。請比較這兩套指示與自我暗示的內容，你會發現，這些指示和運用自我暗示的原則有關。

因此，請謹記一點，**當你期盼藉由大聲朗誦渴望聲明培養出「財富意識」時，光是照本宣科朗誦毫無用處，你得在字裡行間融入情緒或感受。你的潛意識只會認得結合情緒或感受的思想，並據此反應。**

這件事至關重要，因此有必要在每一章再三耳提面命。正因為多數人都無法正確理解這一點，以至於他們在應用自我暗示原則時總是達不到渴望的結果。

平淡、不帶情感的語句對潛意識起不了作用，除非你學會將充滿感動與信心的思想或語句傳達給潛意識，否則就別想得到可觀效果。

第一次嘗試時，就算無法順利控制、引導情緒也千萬不要氣餒。切記，天下沒有白吃的午餐，培養傳達訊息到潛意識心智並影響它的能力無法一蹴可幾，你得付出代價。即使你很想作弊也沒用，因為養成這種能力的代價就是持之以恆、堅持不懈地應用本書所闡述的原則。

運用自我暗示原則的能力絕大部分取決於一種能耐，亦即「專注」於某項渴望，直到成為一股揮之不去的熱烈執念。

專注渴望，直至你能確實看見財富就在眼前

當你展開行動實現第一章與六個步驟有關的指示時，極有必要運用**專注原則**。容我提供一些有效運用專注力的建議。當你開始實現六大步驟的第一步，亦即指示你「在心中明確定下一個渴望的**具體數字**」，然後請**集中意念**冥想這個數字；或者你也可以閉上雙眼凝聚注意力，直到你能**確實看見**那筆錢具體浮現眼前。每天至少演練一次。在你反覆練習這道程序時，請遵循前一章節〈建立信心〉所下達的指示，這樣才能清楚看到自己真正擁有這筆錢。

在此，最重要的是，潛意識會採納堅定的信心所傳達的任何指令，並且據此行動，不過這些命令往往必須再三反覆下達，潛意識才能完全解讀。你可以考慮對潛意識心智要一套「詭計」，好讓它順理成章地信以為真。這種做法是出自你真心相信自己絕對會

擁有眼前亮晃晃的財富，而且就等著你探手領取。在這種情況下，你的潛意識必會獻策讓你獲得這筆財富。

現在，請將這道想法交付給**想像力**，看看它能想出什麼辦法、做出什麼行動，幫你打造一套實際可行的計畫，好將你的渴望轉化為累積財富。

請別坐等明確計畫出現，然後才依據計畫提供服務或商品交換財富，你應該立即開始描繪自己已經擁有財富的藍圖，與此同時，請命令並期待你的潛意識提出一項或多項必需計畫。請注意，一旦潛意識提出計畫就得即刻付諸實行。它們可能會像第六感一樣「福至心靈」，好比我們說的「靈感」，請視它為一道直接來自無窮智慧的訊息，而且請在接收到靈感那一刻就採取行動，一旦慢了幾拍，可能從此就與成功無緣。

六大步驟的第四個指示要求你「打造一套實現渴望的明確計畫，無論是否已做好準備，請立即付諸行動」。你就應該遵循前一段敘述的方式執行這道指令。當你打造計畫時，千萬不要相信自己的「理智」，因為它有缺陷；尤有甚者，你的推理功能可能流於疏懶，如果你完全倚賴它運作，有一天可能會失望。

當你閉上雙眼，在腦中描繪自己想要累積的財富時，你必須看見自己提供服務，或

致富祕訣 11

一旦潛意識提出計畫就得即刻付諸實行，在接收到靈感那一刻就採取行動，一旦慢了幾拍，可能從此就與成功無緣。

交付打算供應的商品以便換取這筆財富的情景。這一點至關重要！

激發致富潛意識的三大步驟

在此所提供的指示和第一章所涵蓋的六大步驟息息相關，我將概述並糅合本章所探討的原理：

一、找一處靜謐的地點，最好是夜深人靜時躺在床上，這時才不會被打擾或打斷。閉上雙眼，為了讓自己清楚聽見，請反覆大聲說出形諸於文字的聲明，內容是你決意累積的財富數額、達成期限，以及你為了換取這筆財富，決意付出什麼服務或商品。當你落實這些指示時，彷彿就看見自己已經擁有這些財富了。

舉例來說，假設你希望自己在五年後的一月一日存滿十萬美元，為此你願意提供個人服務，找一份業務員的工作，換取這筆財富。你就得將這個目標白紙黑字寫下來，形式應當大致如下：

截至二〇二二年一月一日為止，我將存滿十萬美元。在這段期間，這筆錢將以數量不等的形式積累而成。

我為了獲取這筆錢，將會提供自身能力範圍內的最有效率的服務，以（你想要推銷的服務或商品）業務員的身分交付最大數量與最佳品質的服務。

我相信，我終將擁有這筆錢。我的信心如此強烈，以至於此刻我就能看見這筆財富出現在眼前唾手可及。現在它正靜候我提供我用以交換的服務，然後便會依照比例轉移到我手上。我正打算執行一套計畫，好讓我可以藉此累積這筆財富。一旦計畫成形，我將立即據此採取行動。（本段「致富聲明」請見隨書贈「思考致富實踐手冊」P.5）

二、每天早晨和晚上，反覆誦讀這份聲明，直到你在想像中看見你一心想獲得的這筆錢。

三、將這份書面聲明放在你每天晚上與早晨都能看見的顯眼處。每天一醒來、就寢前都得誦讀，直到你把內容銘刻在腦中。

致富祕訣 12

反覆大聲說出你決意累積的財富數額、達成期限，以及你為了換取這筆財富，決意付出什麼服務或商品。彷彿就看見自己已經擁有這些財富。

請記住，你執行這些指示時，是在應用自我暗示的原則，目的在給你的潛意識下達命令；同時也請牢記，你的潛意識只有在接受糅和情感的指示，並在充滿「激情」的前提下才能依照指示行動。在所有的情感中，信心是最強烈的一種，而且所獲得的成果也最大。請依循第二章〈建立信心〉的指示操作。

一開始，這些指示可能看起來很抽象，但切勿讓它擾亂你的心神，做就對了。如果你按部就班依循指示思考與行事，很快地你就會發現，一個全新充滿活力的世界將在眼前開展。

自我暗示讓你成為「自身命運的主宰、自我靈魂的統帥」

質疑所有新觀念是人類通性，不過如果你遵照指示行事，心中疑慮很快就會被信心取代，不久後更會具體化成堅定不移的信心。之後你可能會達到一種境界，屆時你會真心誠意地說出：「我是自身命運的主宰、自我靈魂的統帥！」

許多哲學家曾說過，人類是自身俗世命運的主宰者，不過他們大多不曾解釋原因。人類之所以能主宰自己在塵世的一切，特別是財務狀況，本章已徹底闡明原因：**人類可以主宰自己和環境，那是因為他們擁有影響自身潛意識的力量，並且懂得透過它獲得無窮智慧的協力合作。**

此刻你所閱讀的章節正是奠定成功哲學的基石。如果你期望能將渴望成功地轉化為財富，務必深入理解本章所涵蓋的各項指示，並且持之以恆地運用它們。

將渴望轉化為財富的實際過程需要採用自我暗示當作媒介，以便透過它接觸並影響潛意識。其他原則只不過是工具，你可以應用自我暗示。請將這個觀念謹記在心上，這樣你就會時時意識到，在你透過本書描述的方式努力累積財富時，自我暗示原則有多麼重要。

等你讀完這本書，請重新翻開此章，全心全意採取行動遵循以下指示行事：

每天晚上從頭到尾大聲誦讀本章一遍，直到你完全相信，自我暗示原則堅實可信，而且會引領你實現自己企求的一切。你在閱讀時，請拿出一枝筆，特別標記本章讓你印象深刻的句子。

請切實遵守上述的指示內容，它便能為你開闢一條途徑，讓你完全瞭解並嫻熟掌握成功的原則。

一個人抱持的想法，會透過自我暗示傳至潛意識，發揮影響力。

成功人士思維 04
人可以透過自我暗示主宰命運！

- 運用自我暗示原則的能力絕大部分取決於一種能耐，亦即專注於某項渴望，直到成為一股揮之不去的熱烈執念。
- 當你閉上雙眼，在腦中描繪自己想要累積的財富時，你必須看見自己提供服務，或交付打算供應的商品以便換取這筆財富的情景。
- 一旦潛意識提出計畫就得即刻付諸實行。
- 人類可以主宰自己和環境，那是因為他們擁有影響自身潛意識的力量，並且懂得透過它獲得無窮智慧的協力合作。

自我暗示，直至成功歷歷在目
——韓國射箭國家代表隊

韓國射箭國家代表隊長久以來佔據世界射箭舞台的頂峰位置，在二〇一六年的里約奧運會中取得四金一銅的傲人紀錄。如此驚人的成績，與韓國射箭國家代表隊的獨特訓練方式密不可分。

南韓射箭協會引進精密的選手綜合管理系統，從初學開始，紀錄選手的心理、身體變化，及射中靶心的軌跡變化過程。除了嚴格的生心理控管，還會採用逼真的自我暗示訓練。

除了投入資金在首爾蓋設與奧運一模一樣的決賽場地，訓練選手在相同的場地條件下進行射箭訓練。另外，首爾大學運動心理研究中心還從選手的觀點，為奧運射箭代表隊製作了逼真的訓練影片——

首先是選手前往射箭場途中的各種畫面，接駁車的內部裝潢、車子奔馳而過的窗外景色、射箭場和練習室的全貌、選手休息室前往射箭場的通道、陽光燦爛耀眼的出口……依序一一出現在影片中。接著，選手走在通往射箭場的走道上，耳邊傳來教練

「照平常那樣表現就好」的叮嚀。畫面出現人山人海的射箭場，以及四周觀眾的熱烈掌聲跟歡呼聲。選手以最佳狀態站在比賽場地，充容自信、游刃有餘地拉開弓。弓弦依序射出的十二發箭，全都不偏不倚地正中紅心。

這支訓練影片包含了對獲勝的熱烈渴望、以及歷歷在目的比賽細節，直至最後所有箭都正中紅心的強烈震撼。

在反覆觀看的過程中，選手們透過具體、充滿真實細節的自我暗示，直至獲得必勝的堅定信心，而這份信心傳達至潛意識後化為對等的真實勝利果實，因此成就韓國「射箭王國」的美譽。

韓國射箭國家代表隊的成功祕訣——

透過具體的自我暗示，對潛意識下達必勝的指令！

參考資料：《夢想成真的力量：全球成功人士實證，改變命運的超強公式》二志成／著（高寶）

第四章

成功白金法則4
善用專業知識
——懂得活用知識就能創造成功

離開學校後，
讀書就離我很遙遠了。
每天被工作追著跑，
哪有時間學習……
普通人
我熱愛學習與自身的目標、
事業或職業有關的專門知識，
學習讓我對自己充滿信心。
成功人士

「知識就是力量」的盲點

——無法組織成明確行動計畫的知識，只是死知識

知識大致分為兩種類型：一是普通知識、二是專業知識。普通知識再廣泛多樣，就累積財富而言終究很少派得上用場。就好比大學雖貴為知識殿堂，傳授幾可涵蓋人類所有的普通知識，教授們卻往往兩袖清風，因為他們專精傳道、授業、解惑，而非組織或應用知識。

知識本身無法吸引金錢，除非它被妥善地組織、活用，擬定實際的計畫或行動，達成累積財富的明確結果。世人多半缺乏這層理解，誤解「知識就是力量」的個中真意，導致終日惶惶惑惑。事實正好相反！知識充其量只是潛在力量，唯有加以組織成明確的行動計畫，並擬定清晰目標時，知識才會是力量。

這正是當今教育體系裡「失落的環節」，教育機構未曾在學生習得知識後，進一步教育他們組織、活用之道。

許多人錯以為，亨利・福特沒接受過多少「學校教育」，所以不算是受過「教育」的人。有這種錯誤想法的人完全不瞭解教育的真正意涵。英文中的教育（education）一字源於拉丁文的educo，意為由內向外引申、汲取、培養。

受過教育的人不必然學富五車，而是他們心智健全發展，可以在不侵犯別人權利的情況下得到自己渴望的任何目標或等值事物。亨利・福特堪稱這個定義的最佳代言人。

沒學歷的「無知老粗」卻讓一群優秀的智囊團為他所用

第一次世界大戰期間，一家芝加哥報紙刊登數則社論，文中指稱福特是「無知的和平主義者」。後者駁斥此說，並控告報社誹謗名譽。法院開庭時，報社律師請求抗辯，要求福特站上證人席，欲藉此向陪審團證明福特無知。律師提出各種各樣的問題轟炸福特，全都出於一種居心，亦即儘管福特滿肚子都是製造汽車的專門知識，但總的來說，他就是個「無知老粗」。律師輪番轟炸以下問題：

「誰是班尼迪克．阿諾（Benedict Arnold，美國革命初期的將軍，後來叛國投靠英軍）？」

「一七七六年，英國為了鎮壓美國叛亂，派出多少兵力到美國？」福特針對第二道問題的回答是：「我不知道英國派兵的確切數字，但聽說，派出的士兵遠多於活著回去的數量。」

到了最後，一連串問題實在讓福特不勝其煩，他在回答一道特別無禮的問題時突然傾身向前，伸手指著發言律師說：「如果我真的有心想回答你剛才提出的蠢問題，還有稍早那一大堆無聊的問題，請容我提醒你，在我的辦公桌上有一排按鍵，我只要按下其中一個，就可以召來助理人員，回答任何我急著想知道的問題答案，包括事業上的專業問題。畢竟這才是我投注畢生精力之所在。現在，煩請閣下好心告訴我，如果我身邊有一大堆人隨時聽候我詢問有的沒的知識，我幹嘛為了答覆這些問題，花時間跟心力把它們記在腦子裡？」

這確實是非常合乎邏輯的答覆。律師因此啞口無言。法庭上每個人都明白，能這樣回答的人絕非無知老粗，而是有教養的人。

一個人若是知道該從何處取得需要的知識，也知道如何組織知識並擬出明確的行動計畫，那他就是受過教育的人。亨利．福特懂得向「智囊團」求教，獲得一切所需知識，因此成為美國超級富豪之一。對他而言，博學多聞不必然重要，他犯不著將所有知識都塞進腦袋裡。

懂得活用專家，輕鬆達到致富目標

若想要確保自己具備將渴望轉化為等值財富的能耐，你就必須取得提供服務、商品或所處行業的專業知識，才能夠換取財富。或許你需要的專業知識超過你的學習能力或興趣範圍，此時你可能就得借助「智囊團」之力填補不足之處。

安德魯．卡內基自承，他個人是鋼鐵業技術的門外漢，然而他根本就不怎麼想要搞懂技術。當他遇到製造、行銷鋼鐵產品的專業問題，只要詢問專屬智囊團裡的專業人士即可。累積鉅富需要力量，這股力量來自高度組織並善用專業知識，不過，一心想要賺大錢的人不必然得自己學習這種知識。

有些人野心勃勃想要平步青雲，卻沒有足夠的「教育」以便汲取必要的專業知識，

致富祕訣 13

累積鉅富需要力量，這股力量來自高度組織並善用專業知識，不過，一心想要賺大錢的人不必然得自己學習這種知識，他們可以活用專家。

前述故事應該能讓他們心生希望、備受鼓舞。有些人因為受教不足，終生備感「自卑」，倘若他們懂得根據自己的致富目標，找到具備專業知識的人組成智囊團，並加以調度，其實他們的學問也不輸給任何智囊團成員。

愛迪生一生只受過三個月「正規教育」，但他既不缺學問，也沒死於貧困。

亨利．福特沒把六年級讀完，賺錢的本事卻令人刮目相看。

「專業知識」是市面上最多量也最廉價的商品！只要看看任何大學的教授薪資便可明白這一點。

懂得如何花錢買知識，就懂得如何賺錢

首先，你得先決定自己需要哪一種專門知識，還要知道用它來做什麼。大致來說，你需要何種知識，取決於你主要的人生目的、極力追求的目標。一旦釐清這個問題，下一步就是瞭解有哪些可靠的知識來源。比較重要的來源是：

❶個人的經驗和教育
❷與別人合作以便獲取經驗和教育
❸大專院校
❹公共圖書館（閱讀專書與期刊，或許也可以學到人類文化的所有知識）
❺特殊訓練課程（特別是夜校與函授學校）

等你一學到專業知識，就必須加以組織並付諸應用，擬定切實可行的計畫去實現你的明確目標。除非你懂得活用知識去創造有價值的事物，否則知識等於毫無價值。這便是大學文憑無法保障成功職涯的原因。

如果你考慮多接受額外學校教育，首先得決定學習知識的目的何在，再找出哪些可靠的來源能夠讓你學到該領域的知識。各行各業的菁英從未停止學習與自身的主要目標、事業相關的專門知識。無法成功的人往往認為，一旦學校教育結束，尋求知識的時期就此結束；事實上，學校教育教的只是基本功，讓我們學會如何獲取知識而已。

專業知識加上想像力，讓雜貨店員成為公司老闆

有些人停止學習只是因為他們覺得念完學校教育就夠了，這種人無論進了哪一行，

終將注定庸庸碌碌過一輩子。成功之道在於活到老、學到老，接下來讓我們看看另一則詳細個案。

景氣寒冬期，有一名雜貨店業務員在一夕之間丟了飯碗。整個就業市場僧多粥少，因此他選擇不找下一份工作，乾脆去創業。他有一些簿記的經驗，因此先選修一門特別的會計課程，藉此學會使用最新穎的簿記技巧及辦公設備。

他擬定低廉的月費，先找上以前的雜貨店雇主洽談處理帳務，又陸續和一百家小店家簽約合作。他的構想堪稱經濟實惠，因此很快就發現，似乎有必要買一輛小卡車充當行動辦公室，好讓他可以置放現代化設備。如今，他擁有一支「會跑的」簿記辦公室車隊，聘僱大批員工；小企業主只要月付一點錢，他們就能提供物美價廉的會計服務。

專業知識加上想像力，成了這家公司獨一無二的成功方程式。去年，這家公司老闆繳稅的金額幾乎是他幹雜貨店員工薪水的十倍。所以說，雖然失業讓他陷入暫時的逆境，事實證明，這只是領受福報之前的障眼法。

這家成功企業的成功源自一個構想。我很榮幸在小店員失業時提供這個構想，因此我現在要進一步提出一個更有獲利潛力的建議，而且還能提供有益的服務，滿足成千上百萬名需求若渴的客戶。

這個構想出自這個業務員，他放棄尋找工作，轉而運用零售概念自創簿記生意。他聽到我建議採用的這套辦法時很快就回應：「我覺得這點子很不賴，但是我不知道怎樣將它轉變成現金。」換句話說，他埋怨自己雖然懂得簿記知識，卻不會行銷這門生意。

這又帶出另一個非解決不可的問題。我們找了一位善於文件打字整理的女士協助，請她統整相關資料，然後製作出一份吸睛的文宣小冊，逐一介紹這套嶄新的簿記系統有何優點。她負責打字整理內頁資料，然後貼在普通的剪貼簿，把它當作業務員的文宣資料。這家新公司的宣傳手法十分有效，很快地生意就多到應接不暇。

一份自我行銷計畫書，讓大學畢業生一進公司就當上主管

成千上百萬人需要善於製作精美文宣的行銷專家提供服務，好讓他們可以用來向客戶推銷服務。想出這個點子的女士將**想像力**發揮得淋漓盡致。她看到自己的新構想可以壯大成一門大有可為的新事業，專門協助需要推銷個人服務的廣大客戶。

第一套「推銷服務的完備計畫」一炮而紅，強力鼓舞這位積極進取的女士，於是她接著為兒子設想類似的問題解決方法。她兒子自從大學畢業後一直找不到推銷一技之長的辦法，而她為兒子所發想的計畫堪稱我生平見過最精良的個人行銷典範。

這本計畫書將近五十頁，打字編排優美、資料排列井然有序，內容充分說明她兒子與生俱來的本事、教育程度、個人經歷，以及許多林林總總的資訊，無法一言以蔽之。這本計畫書也完整說明她兒子夢寐以求的工作，再加上出色的圖文詳述他打算如何在職位上一展長才。

這位女士前後花了幾個星期埋首準備這本計畫書，期間還三天兩頭就派兒子跑圖書館，尋找各種自我推銷的必需資料；她也差遣他去拜訪潛在雇主的所有競爭對手，蒐集有關經商之道的重要資訊。這可是製作計畫書相當珍貴的內容，因為他打算用來爭取自己屬意的職位。計畫書終於完成，涵蓋幾近十則對潛在雇主而言堪稱鞭辟入裡的建議。

或許有人會問：「為什麼找個工作還要搞得這麼麻煩？」

我的答案一針見血：**把一件事做到好，絕對不嫌麻煩！**這位女士精心為兒子準備的計畫書幫他在第一場面試就獲得工作，而且薪水還是他說了算。

不只如此，還有一點很重要，這名小夥子的職位不需要從基層幹起，他一進公司就是個初階主管，拿主管級的薪水。

你剛剛不是問我：「為什麼找個工作還要搞得這麼麻煩？」

這麼說好了，第一，小夥子精心準備一份簡報應徵一份工作，他得到的成果是「跳過基層職務，直接從主管做起」。這一段晉升之路少說也得磨上十年。

從基層做起，一路爬上主管職，乍聽之下很有道理，但主要問題是，有太多人想要從基層往上爬，卻鮮少有人得到嶄露頭角的機會，於是他們就繼續待在基層。

致富祕訣 14

各行各業的成功菁英從未停止學習與自身的主要目標、事業或職業有關的專門知識。

同時也請謹記，站在基層往前看，前途其實並不甚光明，也難以鼓舞人心，反而有扼殺企圖心的可能性，讓人從此認命，養成千篇一律的日常習慣，加上因循苟且的慣性太強，拋不掉陋習。這也是另一個求職者應該跳過最基層，從高一、兩階的職務做起的原因。這樣他才會養成眼觀四面、耳聽八方的習慣，也學會觀察別人如何升官、在機會出現時馬上張臂擁抱的習慣。

善用贏家邏輯，讓年輕小夥子破紀錄坐上大位

丹．哈賓（Dan Halpin）是前一段論述的絕佳範例。他念大學時，曾在著名的一九三〇年美國橄欖球賽冠軍聖母隊（Notre Dame）擔任球隊經理。當時的球隊教練是大名鼎鼎的紐特．羅克尼（Knute Rockne）。

年輕的哈賓踏出校門那一年景氣跌到谷底，大蕭條時代橫掃就業市場，職缺少得可憐。他試過投資銀行與動畫工作都不成，然後改找前途看好的領域，在看到第一個職缺時就一頭栽進去。他的新工作是抽佣制的電子助聽器業務員。哈賓心知肚明，人人都能找到這種差事做，但這份工作足以為他敲開機會之門。

他投入這份自己不甚喜歡的工作前後將近兩年，如果不是這份不滿激發他的鬥志，他永遠也沒機會攀爬職涯階梯。首先，他定下目標：升上助理業務經理，而且他也真的

升上去了。這一步打開他的眼界，讓他站上巨人的肩膀，看到更遠大的機會；除此之外，這一步也讓機會看到他。

他銷售助聽器的業績非常亮眼，甚至引起競爭對手偵聽產品公司（Dictograph Products Company）董事會主席A．M．安德魯斯（A. M. Andrews）關注。他想知道，丹．哈賓這傢伙是何方神聖，竟然有能耐從歷史悠久的偵聽公司手中搶走幾筆大生意。他約哈賓前來會晤。會面結束之際，哈賓搖身一變新任業務經理，管轄偵聽器部門業務。

然後，安德魯斯為了試探哈賓的膽識，飛去佛羅里達短居三個月，完全不管接手新職務的哈賓死活。最終哈賓贏了這場仗！紐特．羅克尼耳提面命的「贏家人人愛、輸家人人厭」的精神鞭策他全神貫注投入工作，為他贏得副總裁一職，同時身兼助聽器與靜音廣播部門總經理。一般來說，死忠效命十年大概就可以神氣地坐上這個大位，不過哈賓卻破紀錄地只花了六個多月。

在通篇文章中我試圖強調的要點之一是：**我們可以選擇步步高升抑或留在基層，一切取決於我們是否願意用心去掌控外在的環境。**

致富祕訣 15

在基層往前看，前途其實並不甚光明，也難以鼓舞人心，反而可能扼殺企圖心，求職者應該跳過最基層，從高一、兩階的職務做起。

與成功人士共事，是金錢無法衡量的資產

我還想強調另一點：一個人的成敗，全繫乎自己的習慣。我毫不懷疑，丹・哈賓多年與美國最偉大的橄欖球教練朝夕相處，出人頭地的渴望早已在潛移默化中深深植入心中，這正是促使聖母大學美式足球隊揚名世界的動力。沒錯，崇拜英雄確實有益，但前提是這位英雄本身就是贏家。哈賓曾告訴我，放眼全世界，羅克尼是史上最了不起的領導者之一。

我相信**同事是左右一個人成敗的重大因素**。這一點，我兒子布萊爾與哈賓的新職缺談判就是個強力證明。哈賓對我兒子開出的起薪只有競爭對手的一半，當時我稍微拿出父親的架子施壓，勸兒子接受哈賓的條件，因為我相信，**能與不願向逆境低頭的人共事，就是一種金錢無法衡量的資產**。

對任何人而言，基層工作都不算是一個稱得上有賺頭的起點，所以我才會撥出時間特意說明：適切地規劃工作或許可以讓我們不用從基層熬起。

有想像力才能將專業知識與構想合而為一，創造財富

那位為兒子準備自我行銷計畫書的女士接獲全國各地蜂擁而入的訂單，這些客戶都

渴望推銷自己的服務賺錢，因此需要她幫忙製作類似的計畫書。

請別誤以為她的計畫書僅僅包含高明的推銷話術，好讓她的委託人可以提供一成不變的服務，卻賺進更多錢。她會仔細檢視服務買家與賣家的利益，然後才準備計畫書，讓雇主額外多付一筆錢的同時也收到物超所值的價值。

如果你擁有**想像力**，而且想為你的個人服務尋找一條更有賺頭的出路，這項建議可能就是你眾裡尋他千百度的結果。這道**構想**所產生的收入遠多於在大學裡接受多年教育的「普通」醫生、律師或工程師；對正在尋找新工作，以及渴望就現有職位重新安排薪資的人來說，這個想法幾乎很適合用來談判任何需要管理或經營能力的職位。

好主意價值連城！但所有構想都必須仰賴專業知識支撐。對那些還沒找到發財之路的人來說，專業知識俯拾皆是，而且唾手可得，但構想卻非如此。正因如此，能協助他人找出有利自我推銷服務的需求有如雨後春筍不斷冒出，而且成長極為迅速。施展長才意味得靠想像力。**有了想像力，才能將專業知識與構想合而為一，爬梳成條理分明的計畫，以便創造財富**。如果你擁有想像力，本章或許能給你一些啟發，讓你邁向致富。請謹記，構想才是重要關鍵，專業知識隨處可得！

運用想像力，讓知識成為為你帶來財富的利器！

成功人士思維 05

把一件事做到好，絕對不嫌麻煩！

- 知識充其量只是潛在力量，唯有加以組織成明確的行動計畫，並擬定清晰目標時，知識才會是力量。
- 各行各業的成功菁英從未停止學習與自身的主要目標、事業或職業有關的專門知識。
- 我們可以選擇步步高升抑或留在基層，一切取決於我們是否願意用心掌控外在的環境。
- 同事是左右一個人成敗的重大因素。能與不願向逆境低頭的人共事，是金錢無法衡量的資產。
- 想像力能將專業知識與構想合而為一，爬梳成條理分明的計畫，創造財富。

成功之道在於活到老、學到老
——「日本經營之神」松下幸之助

松下幸之助（一八九四年～一九八九年）生於日本和歌山縣，父親生意失敗後，他不得已從小學休學，九歲就去商店裡當學徒。十六歲那年，他看到剛開通的大阪市內電車竟然能夠「靠著電氣行走」，由此感覺到了電氣事業的無限可能性，於是踏出了往「電氣世界」的第一步，進入大阪電燈（今關西電力公司）工作。

剛開始，他的工作是室內安裝電線的練習工，由於工作態度負責細心、表現優異，很快便贏得公司的信任，當時公司承包的重要工程幾乎都需要他參與。幾年後，松下由安裝電線的工人提升為檢查員，得到人人夢寐以求的職位。

七年後，松下離開大阪電燈，於一九一八年創立「松下電氣器具製作所」，開始正式的電氣器具製造與販賣。戰後，日本經濟逐漸復甦，松下電器靠著家電三寶（洗衣機、冰箱及電視機）快速發展業務，成為世界知名的大公司。

雖然自小沒有受過正規教育，松下幸之助卻能成就一番偉大的事業，他成功的原因，可以從以下這段話知道個中原因。

「人生就是終生的學習。一個人如果沒有這樣的覺悟，就無法進步。學習不是只有在學校才能做到。人從出生的那一刻就是不斷地在學習。從學校畢業後，你可以從工作中學習，即使退休之後，你也可以從社會中學習。從不斷學習中，你將感受到自我成長的喜悅。」

「學習」是松下幸之助一生中最重要的課題，也是他成功的關鍵。即使達到事業的顛峰，他依舊注重學習，更重視人才的培養。他先後設立了PHP研究所、松下政經塾。前者是日本的民間智庫暨出版社，於一九四六年創立。後者則創立於一九七九年，其目標在於培養日本政治及財經界的領袖人物，對日本現代政治有很大的影響力。

由於松下幸之助的成就與培養人才的貢獻，不但讓他獲得「經營之神」的美譽，並榮獲日本天皇頒發的「一等旭日大綬勛章」，這是日本至高無上的榮譽。

「日本經營之神」松下幸之助的成功祕訣——

人生就是終生的學習。

參考資料：《領導者必先知道的事：松下幸之助給你的95則成功啟示》松下幸之助／口述，松下政經塾／編（天下雜誌）

第五章

成功白金法則5
激發想像力
——心靈夢工廠

為什麼別人都可以
想出那麼好的賺錢點子，
我怎麼就想不到……
我每天都大聲朗誦夢想計畫，
奇妙的是，此時會有很多
賺錢的點子源源不絕地產生！
普通人
成功人士

想像力能達成所有「不可能任務」

想像力可說是打造人類所有計畫的工作坊，人類心靈所具備的想像力會讓衝動、渴望得以孕育成行動、發揮作用。

有人說，只要想得到，什麼都能造。

古往今來，此時此刻堪稱我們發展想像力最有利的時間點，因為當前正是一個日新月異的時代，無論我們置身何處，都會接觸到足以發展想像力的刺激事物。近五十年來，人類在想像力發揮作用的情況下，已經探索更多大自然力量，也學會更妥善地駕馭它，遠比整個人類歷史加起來還要多。

我們已經完全征服天際，鳥禽的飛行能力根本只能瞠乎其後；想像力引導我們確認構成宇宙物質的已知成分。人們增快了交通工具的速度，直到我們現在能夠以超過六百英里的時速旅行。

我們唯一的限制在於開發、運用想像力的程度。

我們活用想像力的能力尚未達到淋漓盡致的地步，因為我們才剛發現自己具有想像力，才開始以極為生嫩的手法應用它。

想像力的兩種形式：整合式想像力&創新式想像力

我們的想像力以可粗分為兩種：其一是「整合式想像力」，其二就是「創新式想像力」。

・整合式想像力

透過這種想像力，我們可以重新安排既有的概念、想法或計畫，變化出全新的組合。但這項功能毫無創新成分，只能單靠經歷、教育和觀察所得來的素材；這是發明家最常運用的想像力，除了少數「天才」能在發現整合式想像力無法解決問題時，轉而使用創新式想像力。

・創新式想像力

人類有限的心靈透過創新式想像力便可直接與無窮智慧溝通。這種想像力讓人們可以接受到「預感」和「靈感」，所有基本或全新的想法也是透過這種功能發展而成；人類也可以善用這種功能「收聽」到別人的潛意識，或甚至與別人的潛意識溝通交流。

創新式想像力會自主啟動，運作方式請容我在隨後再述。它只會在潛意識活躍時發生作用，好比潛意識受到熱烈渴望的情緒刺激時。

越常使用創新式想像力，它就會越靈光。商界、工業界與金融圈裡的傑出領導者、卓越藝術家、音樂家、詩人和作家，他們之所以偉大就是因為懂得發揮創新式想像力。

整合式想像力和創新式想像力都是越用越靈光，正如我們的肌肉或器官也是越用越發達。

渴望只是一個想法、一股衝動，既渾沌又短暫，既抽象又一文不值，除非它轉化為等值實體。雖然，將渴望的衝動轉化成財富的過程中，整合式想像力最常派上用場，但是請謹記，你可能也有碰上需要運用創新式想像力的狀況。

致富的第一步：寫下你的夢想計畫書

想像力會因為缺乏使用而減弱；一旦你重新啟用，它就會再度活躍。想像力不會消失，不用的時候只會進入休眠狀態。

目前，請將注意力集中在開發整合式想像力。將無形的渴望轉化成實質的財富時，至少需要一套或數套計畫，而它們主要仰賴整合式想像力從旁輔佐才能成形。

當你讀完這整本書，請再翻回這一章，然後立即開始發揮想像力，打造一套或數套計畫，好將你的渴望轉化成財富。幾乎每一章都提供打造計畫的詳盡指示，請實踐最符合你個人所需的指示。**假使你還沒將計畫寫下來，請現在立刻就動筆。一旦你完成計畫書，就會賦予無形的渴望一個明確具象的形體。請大聲、緩慢地將這些文字誦讀出來。**請記住這一點，在你將渴望連同實現的計畫形諸於文字那一刻，實際上，你就等於跨出將思想轉化為等值實體這一連串步驟的第一步了。（實際操作步驟請運用隨書贈「思考致富實踐手冊」P3－P8）

想像力召喚的宇宙力量，能讓夢想成真

你所居住的地球、你自己和一切有形物質，皆是微小分子井然有序地排列組合，然後演變進化的結果。

以下這句話尤為重要，這個地球、你身體裡幾十億顆細胞，連同組成物質的每一個原子，起初都是無形的能量。

致富祕訣16

在你將渴望連同實現的計畫形諸於文字那一刻，就等於跨出將思想轉化為財富的第一步。

渴望是一股思想意念！所有思想意念都是能量的表現。**當你開始起心動念渴望累積財富時，就是在徵召大自然創造地球的能量，就是這股能量創造了宇宙萬物，包括你的身體，以及促使你的思想意念發生作用的大腦。**

你可以善用永恆不變的法則，創建屬於自己的財富，但是你首先得熟稔這些法則，學會善用它們。作者不斷從一切能想得到的角度反覆說明這些法則，希望藉此向你揭露累積龐大財富之祕。雖說聽起來奇怪、弔詭，但所謂的「祕密」根本就不是祕密。大自然本身就持續在我們所居住的地球、星際之間、肉眼所見的行星，及四周觸目所及的一片葉子或所有生命元素中，傳播著這道真理。

接下來討論的原則將為你開闢一條理解想像力的路。第一次閱讀這套哲理的人，請全力吸收你所能理解的部分，爾後，當你回過頭重讀此書時將會有新發現，因而更明瞭個中道理，也更能完整體會其中更深層的境界。最重要的是，當你研究這些原則時，請勿半途而廢或抱持懷疑態度，等到你從頭到尾讀完這本書三遍，你自然就會欲罷不能了。

如何實際運用想像力——創造無限商機的魔法壺

構想是一切財富的起點，也是想像力的產物。讓我們檢視幾個創造龐大財富的構想，希望這些實例可以讓你明白如何運用想像力累積財富的方法。

很久以前，一名鄉間老醫生騎馬進城。他拴好馬，從後門溜進藥局，找年輕的藥局店員開始「講價」。

老醫生和店員在配藥櫃檯後方低聲商談一個多鐘頭，然後老醫生轉身離開。他從馬車上取下一個老式大壺和一支攪拌用的木勺，將兩者放在藥局後方。

藥局店員檢查完壺子，手伸進內袋拿出一捲算好的五百美元鈔票遞給醫生。這可是他的畢生積蓄！

醫生則回他一張寫著祕密配方的小紙條，字字千金、價值連城！不過，醫生卻不那麼想。那個壺子得靠這張配方才能起作用，但醫生和藥局店員卻都渾然不知，大把金子注定將從這只壺子溢出來。

老醫生滿心歡喜地將這套設備賣出五百美元，夠他還清債務，讓他心上的石頭終於可以落地；對藥局店員來說，他拿畢生積蓄押注一張小紙條和一把舊壺子，可以說是一場豪賭！他做夢也沒想到，這筆投資等於是買到聚寶盆，竟比阿拉丁的神燈還神奇。

藥局店員真正買到的寶其實只是一個**構想**。

舊壺子、木勺和那張紙條上的祕密配方都無足輕重。這只壺子之所以產生奇妙變化，全是因為新主人在祕密配方中加入一種老醫生也不知道的成分。

請詳閱這則故事，然後給想像力來道測試！看看你是否能發現，小夥子究竟在祕密配方中加入什麼成分，讓舊壺子搖身一變成為聚寶盆。請謹記，你可不是在讀《一千零一夜》的故事，而是字字屬實。你所閱讀的故事比虛幻小說更光怪陸離，但這一切事實最初僅僅是一道構想。

且讓我們看看，這道想法產生多麼龐大的財富，在全世界，販賣神奇壺子製成的飲料給成千上百萬人的男男女女至今依然財源滾滾。

如今，這只舊壺子是全世界消耗砂糖最多的消費大戶之一，長期提供了工作機會給成千上萬名種植及提煉甘蔗、配銷糖品的勞工。

這把舊壺子每年購買幾百萬支玻璃瓶，開闢職缺給大批玻璃工人；也讓全國無數店員、文案員工和廣告專家得到就業機會；它還使創作相關廣告圖案的藝術家名利雙收。

這把舊壺子讓一個南方小鎮升格為美國南部的商業中心，直到今天，當地的各行各業、每一個居民都直接或間接地受惠於它。

如今，這個構想的影響力嘉惠全世界每一個文明國家，讓各國販賣這個商品的人都財源廣進。這個聚寶盆締造的財富培養出美國南部最優秀的學府之一，提供幾千名年輕學子接受成功的必備訓練。

這把舊壺子尚有許多豐功偉業。

倘若這把舊壺子會開口說話，它應該會使用各國語言述說許多激勵人心的故事：愛情羅曼史、企業傳奇，還有天天受它鼓舞的專業男女人士所發生的奇聞軼事。

作者本人至少確定一則類似的浪漫故事，因為主角就是我。這一切發生的地點離店員買下舊壺子的藥局不遠，正是我與我太太的相識之地，就是她告訴我魔法壺的故事。當我請求她跟我「同甘共苦」時，壺中的產品就是我們正在啜飲的飲料。

無論你是何方神聖、住在何處、從事什麼職業，未來請千萬記得，每一次你看到「可口可樂」這四個字，這個富冠全球、影響力無孔不入的帝國最初僅始自一個構想，當年那名店員艾薩．坎德勒（Asa Candler）加入祕密配方的神奇原料就是……**想像力**！

請你暫停一下思考幾分鐘。

回想一下，本書所討論的十三個成功法則，就是可口可樂的影響力能夠遠播到每一座城市、鄉鎮、村莊與各個大小路口的媒介。你所創造的任何想法若能和可口可樂一樣既可靠又美好，就能複製這款走紅全球的解渴飲料所創造的驚人成就。

價值一百萬美元的布道演講

下述故事證明一項真理：有志者，事竟成。這則故事是我從廣受愛戴的已故教育家法蘭克．W．甘索洛斯（Frank W. Gunsaulus）口中聽來的。他在南芝加哥的牲畜飼養場展開傳教的志業。

甘索洛斯博士還在念大學時就留意到，我們的教育體系到處有缺陷，他自信要是他來當校長，一定能修正諸多問題。他心中最深切的渴望就是成為一所教育機構的主事者，傳授年輕男、女學生「做中學」的道理。

他下定決心要籌組一所學院，以落實自己的理念，不受正規教育限制。但他需要一百萬美元才可望達成目標！他能上哪裡去籌這一大筆錢？這道問題時時刻刻都盤據在這位懷抱雄心壯志的牧師心中。

但他卻一籌莫展。

這個念頭每晚伴著他入眠，隔天又隨著他起床，走到哪裡都形影不離；他無時不刻都惦念著這件事，總是在心中想了一遍又一遍，到最後簡直是成了他的背後靈。

甘索洛斯博士既是牧師，也是哲學家，而且和所有成功人士一樣，深知定下明確目標才是他必須開始的起點；他也明白，心中的熱烈渴望非得夠強烈，才能將活力、生命與力量傾注在明確的目標上。

一切大道理他都懂，只不過還是不知道上哪兒去籌到一百萬美元。在一般情況下，多數人可能會就此放棄，自我安慰：「哎呀，我的想法好是好，但又使不上什麼力，因為我根本就不可能湊齊這必要的一百萬美元。」大部分的人確實會這麼說，不過甘索洛斯可不是等閒之輩。接下來，他所說的話、所做的事至關重要，因此現在我得隆重介紹他出場，讓他親口講述這段過程。

某個星期六下午，我坐在房間裡，絞盡腦汁思考各種募款的手段與方法，好實現我

致富祕訣 17

明確目標加上明確計畫，這股力量足可把構想轉化為現金。

的計畫。近兩年來，我天天都在想，但幾乎是想破了頭，卻仍一事無成！

現在就得行動了！

我即刻下定決心，要求自己非得在一個星期裡籌到一百萬美元不可。該怎麼做才好？這我不管，重點是在一段特定期間內籌到錢的決心。在我痛下決定的那一刻，一股奇妙的踏實感湧上心頭。這是我前所未有的經歷。我心裡彷彿有一道聲音說：「你為什麼不早點做下這個決定？這筆錢一直在等著你來拿！」

接著，所有事情風風火火地發生了。我致電報社，宣布隔天早上我打算布道，講題是「假若我有一百萬美元，我要做什麼？」

我馬上動筆寫布道稿。不過呢，我得老實告訴你，這部分一點也不難，因為我已經為這場布道準備將近兩年，以至於有一部分的我早就融入這份布道稿的精神了！

還沒到深夜我就寫完布道稿，然後帶著滿滿的信心上床就寢，因為**我幾乎可以看見自己手上捧著一百萬美元了。**

隔天清晨我起了個大早，走進浴室開始閱讀布道稿。然後我跪下來祈求上天，讓這場布道引起某位金主注意，願意提供我這筆錢。

我祈禱的當下，再次出現那股我一定能籌到錢的預感。我大喜過望，完全忘了布道稿，就這麼兩手空空地走出家門，而且壓根兒沒想到它，直到我站上台準備演講才發現自己出紕漏了。

這時已經來不及趕回家拿講稿了，不過，塞翁失馬、焉知非福，我的潛意識自然而然地供應我所需要的素材。當我起身開始布道時，乾脆閉上雙眼，真心真意地娓娓道出我的夢想。我不只是對著台下聽眾發言，更想像自己正向上帝說話。我告訴祂，假若我有一百萬美元，我打算用來做些什麼。我描述心中的計畫，亦即籌辦一所優秀的教育機構，年輕學子在此不只會學到腳踏實地做事，也能夠開發自己的心智。

我講完後就坐下來，一位原本坐在約莫倒數第三排的男士慢慢站起身來，然後逕直走向講台。我納悶著他想要幹嘛，只見他站上講台後伸出雙手，然後對著我說：「牧師，我欣賞你的布道內容。我相信，倘若你有一百萬美元，你是會說到做到的人。為了證明我相信你、你布道的內容，如果明天早上你願意跑一趟我的辦公室，我就會給你一百萬美元。我的名字是飛利浦．D．亞默（Philip D. Armour）。」

年輕的甘索洛斯依約前往亞默先生的辦公室，收下一百萬美元，創辦了亞默技術學院（Armour Institute of Technology，即現在聞名的伊利諾州理工學院）。一百萬美元比多數牧師生平看過的錢還要大，但隱身這個數字背後的構想卻是年輕牧師靈光乍現的結果。

這筆不可或缺的一百萬美元可說是構想的結晶，出於年輕的甘索洛斯在心中孕育幾達兩年的渴望。

仔細觀察這個重要的事實：三十六小時內，他在心中做了一個明確決定，要籌到一百萬美元，而且這個決定是依據一套明確計畫而來！

年輕的甘索洛斯思索出獲得一百萬美元的模糊想法並無新奇或獨到之處，他只能抱著一線希望。許多人在他之前、之後都曾出現過類似想法，但是，在那個值得紀念的星期六下午，他的決定之所以成功，確實有獨到且與眾不同之處，因為當時他將所有困惑迷惘全拋開，斬釘截鐵地表示：「我**會**在一星期內籌到這筆錢！」

尤有甚者，甘索洛斯博士爭取到一百萬美元所採用的原則至今依然通行世界！現在這條法則同樣靈驗。

成功並非偶然，明確目標＋明確計畫，構想就可以變成現金！

仔細觀察艾薩・坎德勒和法蘭克・W・甘索洛斯，他們兩人有一項共同點：都明白

致富祕訣 18

構想沒有行情價，定價權掌握在發想點子的人手上。

一條驚人真理：明確目標加上明確計畫，這股力量足可把構想轉化為現金。

如果你是那種相信只要努力、正直，財富就會自動上門的人，現在請立刻拋開這個念頭！這是一派胡言！**倘若真有一天財神爺來敲門，肯定絕不是辛勤工作的結果！祂一定是看到奠基於明確原則的明確要求，不是你碰機率或賭運氣就遇得到。**

一般而言，構想是一股思想的衝動，會驅策你發揮想像力採取行動。所有超級業務員都知道，應該賣點子，而不是賣商品；但資質普通的業務員卻不明白這個道理。這也是他們之所以「庸碌一生」的原因。

有一名書商突然發現一件對所有同業來說都價值連城的事實。他知道，許多人是為了書名花錢，而不是內容。他只要將一本賣不動的書改個名字，即使內容一字不改，銷量動輒就會突破百萬本；他只要撕去賣相極差的書封，換上具有「票房保證」的新封面就好。

這一步簡單到不行，卻證明購想威力無窮、想像力作用強大！

構想沒有行情價，定價權掌握在發想點子的人手上，而且如果他們腦袋夠靈光，要多少就有多少。

這一則故事實際上就是在敘述，每一筆龐大財富都源自原創者想到的好點子，加上厲害的賣家配合得天衣無縫。卡內基幫自己找到一批專家，他們都擅長他不懂的領域。有人發想點子、有人執行點子，最終就是人人都分到一杯羹，皆大歡喜。

成千上萬人終其一生都奢望有一天能「走好運」。或許一場好運真能為一個人帶來轉機，但最穩當的計畫並不能單單只靠運氣。「好運」提供我生平千載難逢的大好機會，但我可是堅定不移地耕耘二十五年，才讓好運變成財運。

「好運」促成我與卡內基會面，並獲得合作機會的機緣，當時卡內基將一個構想深植在我的心中，要我整理出一套成功法則，於是我花費二十五年研究出成果，成千上百萬人因此受惠，並在實際應用這套成功法則之際累積上百萬美元財富。致富的第一步非常簡單，就是可能在每個人心頭浮現的一個構想。

上天透過卡內基賜我良機，但堅定的決心、明確的目的、達到目標的渴望，以及二十五年絲毫不懈的努力又該怎麼說？這股渴望非比尋常，因為我得克服其間的挫折、失望、一時失志、批評與從未間斷的「浪費時間」指責。它確實是一股熱烈的渴望、執迷的意念。

當卡內基首次將這個構想植入我的腦中，我便小心翼翼呵護、培育並誘導它生氣勃勃地發展。漸漸地，幼苗自力茁壯成一棵大樹，反過來呵護、培養並鞭策我。所有的構想都是循此途徑美夢成真。一開始，你賦予它生命、行動與方向，後來它就能自力成長，反過來發揮作用，為你掃除眼前的一切障礙。

決心明確目標加上明確計畫，足以把構想轉化為現金。

成功人士思維 06

每一筆龐大財富都源自原創者想到的好點子！

- 渴望只是一個想法、一股衝動，既渾沌又短暫，既抽象又一文不值，除非它轉化為等值實體。
- 想像力會因為缺乏使用而減弱；一旦你重新啟用，它就會再度活躍。想像力不會消失，不用的時候只會進入休眠狀態。
- 一旦你完成計畫書，就會賦予無形的渴望一個明確具象的形體。
- 所有超級業務員都知道，應該賣點子，而不是賣商品；但資質普通的業務員卻不明白這個道理。這也是他們之所以「庸碌一生」的原因。
- 每一筆龐大財富都源自原創者想到的好點子，加上厲害的賣家配合得天衣無縫。

「兜售點子」的絕佳範例
——華特迪士尼公司創辦人華特·迪士尼（Walt Disney）

華特·迪士尼（一九〇一～一九六六年）生於美國芝加哥，自小喜歡畫畫的他，高中時擔任校刊的漫畫專欄。第一次世界大戰爆發後，年僅十六歲的他休學參軍，但因為年紀太小，只能當紅十字會的衛生兵，他所畫的漫畫在士兵間相當受歡迎，戰爭結束後，他決定成為一個漫畫家。

二十一歲那年，他成立了歡笑動畫公司（Laugh-O-gram Films），以當代手法將受兒童歡迎的傳說故事改編為卡通短片，作品頗受好評，但沉迷於創作的他疏於公司的經營，不到一年旋即宣告破產。

華特和哥哥洛伊一同前往好來塢發展，成立了「迪士尼兄弟製片廠」（Disney Brothers Studio），即「華特·迪士尼製片廠」的前身。雖然在好萊塢的發展幾經波折，華特還是創作了許多受歡迎的作品。一九二八年，華特創作出米老鼠（Mickey Mouse）這個新角色，並推出史上第一部有聲動畫！當時有聲電影的技術剛出現不久，有聲動畫更是令人耳目一新，因此大獲好評，米老鼠因此成為家喻戶曉的卡通人物。

此後，迪士尼推出許多膾炙人口的經典動畫作品，包括《白雪公主與七個小矮人》、《木偶奇遇記》、《幻想曲》、《仙履奇緣》、《小飛俠》、《小姐與流浪漢》、《睡美人》、《101忠狗》等。

華特並不滿足於自己在動畫領域的成功，他進一步產生將腦中想像力世界搬到現實世界的發想。華特認為，遊樂園不該只是孩子遊玩的場所，他想要建造一座連大人也能一起樂在其中的樂園。一九五五年，世界上第一座迪士尼主題樂園在加州開幕。只要進入這裡，無論大人小孩都能徜徉在無限想像的世界。

華特・迪士尼曾說過，讓他實現夢想的祕訣有四個C：好奇心（Curiosity）、自信（Confidence）、勇氣（Courage）、持續力（Constancy）。一旦腦中有好的點子誕生就下定目標就勇往直前，即使遇到困難也不退縮，不斷突破進化、精益求精，這樣的精神正是迪士尼廣受人們喜愛、歷久不衰的理由吧！

華特迪士尼公司創辦人華特・迪士尼的成功祕訣——

讓腦中的點子成為現實！

參考資料：《漫畫版世界偉人傳記 華特・迪士尼》中祥人・星井博文／著（POPLAR PUBLISHING CO., LTD）無繁體中文版

第六章

成功白金法則6
條理分明做計畫
——具體化渴望為行動

目前的工作就只有一份死薪水，
想加薪真的是難上加難……
普通人
我訂定一套明確的計畫
來實現我的點子，
我有信心自己
正走在致富之路上！
成功人士

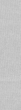

將渴望落實為財富的方法：訂定明確可行的計畫

你已經學到，我們創造、追求的每一樣事物都始自**渴望**，它只是這整趟旅程的第一站，然後從抽象到具體進入**想像力**工作坊，在此創造並組織成可以實現渴望的**計畫**。

在第一章，你學到將渴望化為財富的六大步驟。其中一項是訂定**明確、實際可行的目標或計畫**，將渴望落實成為財富。

接下來將指導你如何制定實際可行的計畫：

❶ **號召一群有志一同的盟友，與你並肩打造、實現賺大錢的計畫**。請善加利用本書第九章〈活用智囊團的力量〉的原理。（循序漸進至關重要，請勿輕忽。）

❷ **在打造專屬的「智囊團」之前，請先決定你可以提供這些成員哪些優勢與好處，以便換取和他們合作**。天底下沒有人願意免費替別人打工，聰明人更不會要求或期待別人平白付出而自己卻吝於回報，雖然報償未必非金錢不可。

❸ **安排至少每隔兩週與「智囊團」成員會面一次**。會面次數越頻繁越好，直到你們同心協力完成聚積財富的計畫。

❹ **請與每一名「智囊團」成員保持和諧的關係**。要是你做不到這一點，就別想達成目標。一旦和諧的關係破裂，「智囊團」原則也將化為泡影。

請牢記以下事實：

❶你正投入一項開展人生重要大事的行動，若想確保成功，你非得制定無懈可擊的計畫。

❷你必須借助他人的經驗、知識、天賦長才與想像力。幾乎所有飛黃騰達的成功人士都採用這套方法。

沒有人能同時擁有充分的經驗、知識、天賦長才與想像力，更不可能單靠一己之力就飛黃騰達。你傾全力採用的每一套聚積財富的計畫都應該是集「智囊團」眾人智慧於一體的心血結晶。**你大可自己發想整套或部分原創計畫，但請確實讓「智囊團」成員過目並得到全體同意。**

一時失敗只代表計畫有瑕疵，另想他計重新開始就好

如果你採用的第一套計畫失敗了，請換上新計畫；如果第二套計畫也失敗，再換下一套新計畫就是了，依此類推，直到實驗出一套可行的計畫為止。大多數人碰上這個關卡便一敗塗地，原因就是他們缺乏堅定不移的毅力，無法繼續打造足以取代失敗方案的

新計畫。

即使是天底下最聰明絕頂的人，若缺乏實際可行的計畫，別說是賺大錢了，就連其他事業都別想成功。請牢記這件事，就算你的計畫暫時遭到阻撓，並不代表從此就不得翻身，那不過是意味著你的計畫不夠牢靠。另想他計，重新開始就是了。

一時失志只代表你的計畫有瑕疵。成千百萬人終生貧困潦倒，只因為他們缺乏一套累積財富的健全計畫。**你的成就有多少，取決於你的計畫有多周全。**（請運用隨書贈「思考致富實踐手冊」P17－P10寫下你三年內的計畫）

除非你自己認輸，決定放棄，否則你就不算是個輸家。

當初美國鐵路大王詹姆斯．J．希爾（James J. Hill）籌資興建一條橫跨東、西兩岸的鐵路時也曾受挫，但他化失敗為勇氣，重新擬定計畫，終於獲得成功。

亨利．福特不僅在開創汽車事業初期遭遇過失敗，也在攀向事業顛峰時屢屢失足，但他依然重新制定計畫，大步邁向財源廣進的勝利結局。

我們往往只看到這些知名人士表面風光賺大錢，卻看不見他們在「達標」之前必須克服的諸多挫折。遵循本書成功祕訣的人，別夢想自己在累積財富的過程中不會遭遇「短暫失敗」。一旦跌跤，不妨將這次的失敗視為一道警訊，提醒你計畫不夠健全，最好重新擬定計畫再度挑戰。如果你在抵達目標前就舉白旗，那你就真的注定只能當個「輸家」。請記下這句話，並抄寫在一張大紙上，然後貼在你每晚就寢前、每早出門前都看得見的牆面高處，時時提醒自己。

所有的有錢人累積財富都始於兜售點子

挑選「智囊團」成員時，請盡全力選出絕不輕言失敗的人。

有些人天真地相信，唯有錢才能滾錢。這話說錯了！**渴望才是生財之道，只要運用本書提示的原則，就能將它變成等值財富**。金錢本身空幻虛無，不會移動、思考，也無法言語，但是，當人們發出渴望呼求時，它一「聽到」就會飛奔而至！

致富計畫想要成功，關鍵在於計畫要聰明。想要靠銷售個人服務賺大錢的人，請參考這裡詳盡的指示。

如果你知道，所有富商巨賈都始自提供有價的服務，或是兜售點子，應該會覺得備受鼓舞吧。不然，除了想法與服務，一個兩手空空的人還有什麼本事可以換來財富？

廣義來說，這世界上有兩種人：**領導者**與**追隨者**。你在進入自己選擇的行業之初就應該下定決心，未來打算成為領導者還是追隨者。兩者薪酬差異有如天壤之別，雖然許多追隨者都心存妄想，期待能夠領取領導者的報酬，但這是不可能的事。

身為追隨者並不可恥，但始終扮演追隨者也不見得光采。多數偉大的領導者一開始

致富祕訣 19

訂定明確、實際可行的目標或計畫，將渴望落實成為財富。你的成就有多少，取決於你的計畫有多周全。

也都是追隨者，之後卻成為偉大的領導者，全因為他們是聰明的追隨者。無法聰明追隨領導者的人不可能成為精明的領導者。**那些最懂得追隨領導者的人通常很快就能培育自己的領導才能。聰明的追隨者具備許多優勢，其中包括可以隨時汲取領導者的智慧。**

成為領導者的十一個必備特質

以下是成為領導者的必備條件：

❶ **奠基於深厚產業知識的堅定勇氣**。沒有哪一名追隨者願意被一位缺乏自信與勇氣的領導者呼來喚去，也沒有哪一名追隨者願意長期被這樣的領導者管控。

❷ **自制力**。無法控制自己的人也沒有能力掌控他人。領導者的自制力將為追隨者立下強力的榜樣，比較聰明靈巧的追隨者會起而傚尤。

❸ **公正不阿**。如果領導者缺乏公平與正義感，就不可能指揮追隨者，並受到追隨者的尊敬。

❹ **果決**。做決策時立場猶疑的人代表他對自己缺乏信心，這種人不可能成功帶領別人。

❺明確計畫。成功的領導者必須懂得擬定計畫、執行計畫。領導者如果缺少明確可行的計畫，光靠直覺行事，就好比一艘少了舵的船隻，遲早會觸礁。

❻多盡一份力的習慣。領導者必須身先士卒，主動做得比追隨者更多。

❼個性討喜。虎頭蛇尾、粗心大意的人不是成功領導者的料。領導者要求的回報是尊敬，倘若追隨者無法高度推崇他的個性，就不會付出應有的尊敬。

❽體貼與體諒。成功的領導者必須能呼應追隨者的心情，尤有甚者，他們必須理解追隨者及他們所面臨的問題。

❾精通細節。成功的領導者必須精通自己職務上的諸多細節。

❿願意一肩扛下所有責任。一旦追隨者犯錯、自曝其短，成功的領導者必須主動扛下所有責任。萬一他想推諉責任，就不夠資格當領導者。要是追隨者犯錯、表現無能，就代表領導者失敗。

⓫團結合作。成功的領導者必須瞭解合作的意義，並身體力行，循循善誘追隨者比照辦理。領導者需要的是權力，而權力來自眾人的合作。

領導的形式有兩種。其一是至今最有效的一種，即追隨者達成共識、齊心協力選出的領導者；其二是不顧追隨者的理念與意願，採取強迫式領導。

歷史告訴我們，強迫式領導無法長久，「獨裁者」與國王政體的垮台與消亡即為明證，意味著人民不會永無止境接受強迫式領導。

拿破崙、墨索里尼、希特勒都是強迫式領導的例證，他們的後果都是垮台。只有追隨者願意擁戴的領導才可以長長久久。

人們可能短暫追隨強迫式領導，但不可能是出於心甘情願。追隨者認同的領導者才是可長可久的正道。

新型態的領導方法應該包括前面闡述的十一個原則以及其他因素。凡是將這些原則當作領導基礎的人，在任何行業都可以獲得領導他人的機會。

導致領導失敗的十大肇因

現在，讓我們來檢視失敗的領導者多半會犯下哪些重大錯誤，因為，瞭解不可做的禁忌，其重要性不亞於知道該做什麼事。

❶**無法統籌細節**。有效的領導作風需要有統籌、掌握細節的能力。真材實學的領導者絕不會因為「太忙」以至於無法善盡領導者的責任。當領導者或追隨者「太忙」，以至於無法改變計畫，也無法在發生緊急情況時觀照大局，即意味著毫無效率可言。成功的領導者必須精熟與自身職位相關的所有細節，當然，那就表示他得養成把細節交辦給得力助手的習慣。

❷**不願做瑣碎小事**。萬一有突發狀況，真正偉大的領導者樂意去做原本交辦他人完成的任何事。正如「在一群人裡，侍奉所有人的僕從才是最偉大的人」。這句話，所有才幹出眾的領導者都應該體認並尊重個中意涵。

❸**指望光靠一張嘴、不實際動手做事**。沒有人願意花錢買別人的「一張嘴」，人們只願買單會動手做事解決問題或是能帶著眾人「一起做事」的人。

❹**害怕追隨者青出於藍、更勝於藍**。害怕被追隨者取代的領導者遲早會親嘗恐懼滋味。才幹出眾的領導者懂得訓練有代表性的接班人。唯有如此，領導者才能同時多工作業，好整以暇地往返各地並關照大小事宜。當一個人有能力驅策別人力求表現，比起自己埋頭苦幹，他能夠領取更高的薪酬，這是亙古不變的真理。高效的領導者一旦發揮專業知識、個人魅力，就能顯著提升他人的效率，並且循循善誘他們貢獻比自己更多、更好的服務。

❺**缺乏想像力**。領導者若缺乏想像力，就沒有能力應付緊急情況，也無法制定出有效引領追隨者的計畫。

❻**自私**。把所有功勞全攬在自己身上的領導者肯定人見人厭。真正偉大的領導者不會邀功自賞，看到功勞全歸於追隨者就會感到心滿意足。因為他們知道，多數人得到表揚與肯定之後會加倍努力，遠比金錢的獎賞更勝一籌。

❼**放縱無度**。追隨者絕不會尊敬放縱無度的領導者；耽溺於任何一種形式的放縱都會摧毀一個人的耐力和活力。

❽不忠誠。或許這一點應該排在清單首位。領導者若對自己的工作及上、下級同事不忠誠，就無法長久維持領導地位。不忠誠的人價值輕於鴻毛，無論走到哪裡都無法抬頭。不忠誠在各行各業都是失敗的主要肇因。

❾一再強調領導「權威」。有能力的領導者會採用鼓勵的手法領導，而非灌輸恐懼在追隨者心中。只想讓追隨者屈從於「權威」的領導者皆屬於強迫式領導。有真材實學的領導者無須宣揚權威，只需以身作則展現同情、諒解、公平以及深厚的專業知識即可。

❿一再強調頭銜。能幹的領導者無須端出「頭銜」贏得追隨者的尊敬，那些只會過分強調職級的領導者其實沒什麼料。真材實學的領導者往往會開放辦公室的大門，歡迎所有想登門而入的人，而且他們往往不講究形式或排場。

上述十項都是領導者常犯的毛病，任何一條都足以讓他們一敗塗地。如果你有志晉升領導階級，請仔細研究這張清單，確保不與它們沾上邊。

未來亟需「新式領導」的領域

接下來為你介紹幾大舊式領導已經式微的領域，新型態的領導者在此將能獲得更多的機會。

❶在政治領域中，新領導者的需求若渴，幾乎已到刻不容緩的地步。

❷金融業正準備進行大張旗鼓的改革。

❸工業界疾呼新的領導班底。未來工業界的領導者若想長久，必須把自己想成是民營的公共事業官員，肩負維護企業信譽的責任，不給任何人帶來麻煩。

❹未來宗教界的新領導者將被賦予更關心信徒在俗世需求的責任，以便解決他們眼前的經濟與私人問題，更少花心思關注無法改變的過去與尚未成真的將來。

❺在法律、醫學及教育等專業領域中，亟需新式領導風格與新型態的領導者。

❻尤其是教育界，未來這個領域的領導者必須找到方法與手段教育學生應用所學，也必須更注重實踐、更少闊談理論。

❼新聞媒體界也需要新的領導者。

這些都是亟需新領導者、新領導作風的領域。這個世界瞬息萬變，凡是倡導改變人類習慣的媒介，也必須盡快適應變革。在此提到的媒介，都能夠決定文明的新趨勢，凌駕一切的力量。

成功自我推銷的有效方法

在此，總結我多年來經驗累積的成果，這套做法曾幫助成千上百萬人有效地自我行銷，你大可放心、實際應用它。

經驗證明，下述求職管道方能提供直接、有效的方法媒合勞資雙方。

❶**人力仲介公司**。請務必慎選信譽卓著的人力仲介公司，這類的仲介公司不多。

❷**報紙、產業刊物、雜誌與網路上的分類廣告**。想要應徵文書或一般職位的人通常可以在分類廣告得到滿意的成果；但如果你謀求的是經理等級的職務，刊登廣告的效果較好。要挑選容易引起相關職位雇主注意的版面，廣告內容最好延攬專家執筆為妥，因為他們懂得如何增加文字魅力，助你獲得雇主青睞。

❸**自薦函**。直接寄給最可能聘僱你的公司。信件本身務必永遠力求正確打字、整齊編排，而且必得親筆簽名。隨信應當附上一份完整履歷或自我介紹。自薦函與履歷都應該請專家代勞（應該涵蓋的資料請參見後文）。

❹**透過熟人介紹**。如果可能的話，求職方應透過雇傭雙方都熟悉的人士居中牽線。如果你謀求的是經理級職務，又不希望自己在對方眼中是「老王賣瓜，自賣自誇」，特別適合採用這種方式。

❺**親自登門求職**。在某些情形下，如果求職方親自到心儀的潛在雇主登門求職，效果可能更佳。你必須當場提供一份完整的書面履歷，因為潛在雇主多半會想找同事討論應徵者的資歷。

一份完美履歷應涵蓋的資料內容

準備履歷應該小心審慎，一如律師為訴訟案準備帶上法庭的文件一般謹慎。除非求職方有豐富的履歷撰寫經驗，否則應該求教專家。成功的商人會聘僱精通廣告藝術與消費者心理的專業人才推銷產品的優點，推銷自己也是同樣的道理。下列資訊應當涵蓋在履歷中。

❶**教育程度**。務必言簡意賅，好比就讀的學校、主修哪一門科系等，並說明為何選擇這門科系。

致富祕訣 20

當一個人有能力驅策別人力求表現，比起自己埋頭苦幹，他能夠領取更高的薪酬，這是亙古不變的真理。

❷**經歷**。如果你過往的經歷與你目前所求職務相似，請充分陳述，並列出前任雇主的姓名與地址。務必清楚交代任何有助於你謀求目前職業的特殊經歷。

❸**推薦函**。幾乎每一家公司都會想要知道求職方以往在前東家的紀錄和經歷。如果求才企業問起，請準備以下這些人的推薦函，他們都能提供有關你的經歷與能力的資訊。這類對象包括：

（一）以前的雇主。

（二）學校裡的指導教授。

（三）足以信賴的傑出人士。

❹**個人照片**。附上一張本人近照。

❺**申請明確職位**。避免填上一個語意不清的職位。千萬別要求「任何職位皆可」，這意味著你缺乏特定專業資格。

❻**說明你的資格足以適任你所應徵的特定職位**。提供詳盡資訊，說明你認為自己可以勝任所求職位的原因。這是**整份履歷表中最重要的部分**，它比其他任何部分都更能左右應徵結果。

❼**主動爭取試用期**。這種做法看似激進，但經驗證實，它至少能為你贏得試用的機會。如果你確信自己具備充分資格，你只需要一個試用的機會。附帶一提，這類提議是表明你對自己的能力充滿信心，這份自信心的說服力最強，能夠讓雇主相信你的實力。在提議試用期之前，請確認：

（一）你深信自己的能力可勝任此項職務。
（二）你確信，試用期過後雇主會決定錄用你。
（三）你決心要爭取這項職務。

❽ **通盤理解潛在雇主的業務**。在申請一份職務之前，務必充分研究你所應徵的公司在所處產業的相關業務，以便徹底熟悉潛在雇主，也請在簡介中清楚點明自己已具備足夠產業知識。這麼做會在對方心中留下深刻印象，認同你具備想像力，而且對自己謀求的職位真的感興趣。

請謹記，最精通法律的律師不一定能打贏官司，為訴訟案準備最齊全的律師才能勝訴。如果你能充分準備「面試案件」，展現給未來雇主看，你的勝算就已經有五成了。

無須擔心履歷寫太長。雇主想向稱職的求職者買進服務，其需求殷切的程度正與你想覓得伯樂是一樣的。事實上，多數成功雇主的祕密法寶就是挑選稱職助手的能力精準到位，因此他們會希望得到求職者的一切資訊。

請謹記另一點，準備履歷時應力求乾淨整齊，好讓對方感覺你是個做事盡心的人。我曾受人所託準備一份要呈交給客戶的履歷，由於內容與眾不同、讓人眼睛一亮，因此企業客戶甚至連個人面談都省了，直接錄用。

一旦你完成履歷，請務必採用最精美的紙質列印成書面文件；也請逐一確認用字妥當、文法正確。如果同時投遞數家公司，記得每份履歷上的公司名稱不能錯。請遵循書信寫作要領，並隨時發揮想像力改進內容。

超級業務員講究外表得體，因為他們深知第一印象的重要性。你的履歷就好比是個人品牌的業務代表，穿上剪裁得宜的套裝，以便從對手中脫穎而出，也給潛在雇主留下前所未見的徵才印象。如果這份職務你勢在必得，就應該全力以赴製作完美履歷；尤有甚者，如果你向雇主自我推銷時能讓對方留下深刻的良好印象，而非採用一般的傳統手法應徵，很可能打從一開始的起薪就會往上墊高。

如果你是借道廣告經紀商或人力仲介公司求職，得請他們用你精心製作的履歷為你推銷。這麼做能幫助你在經紀商與潛在雇主心中製造好感。

如何一出招夢想工作就到手？

每個人只要找到適情適性的工作，都能勝任愉快。畫家喜愛著色作畫、手工藝者就是熱愛手作，作家則是鍾情筆耕墨耘；即使是稍欠明確天賦的人也會特別中意某種類型的業務與行業。行業百百種，製造、行銷與其他專業領域都有各式各樣職務可供選擇。

如何才能找到自己所希望的工作呢？我認為必須做到以下幾點：

❶**務必確認自己夢寐以求的是哪種工作。**如果市面上沒有這樣的工作，也許你可以自行開創。

❷**精挑細選你希望共事的公司或個人。**

❸深入研究你未來的雇主。諸如各項政策、人事及晉升機會等。

❹**分析自己的天賦與能耐。**找到你的籌碼，規劃如何推銷你有信心提供給雇主的優勢、服務、開發方針與構想。

❺**拋開「找一份差事」的心態。**捐棄反正有職缺就試的念頭，並丟掉「你可否給我一份工作？」的尋常概念，專注思考自己究竟能提供什麼服務。

❻**一旦你心中立下定見，請安排一位經驗豐富的專家執筆。**協助你將計畫簡潔、詳盡地撰寫成文。

❼**將這份文件轉呈適當的主管。**每家企業都在尋覓能夠提供寶貴意見的人才，無論是點子、服務或「人脈」；要是你能提出對每家企業有益的明確計畫，任何公司都會願意錄用你。

上述流程可能會額外花費你幾天甚至幾星期，但它所產生的差異將會體現在收入、晉升和上級賞識等方面，反而省掉你好幾年領取低薪的奮鬥過程。它可提供許多優勢，最主要的一個優勢就是，**達成目標的時間可以縮短一至五年。**

每個可以「空降」中階管理職務或中途「插班」的人，事先都經過深思熟慮、小心縝密的計畫。

自我推銷服務的新途徑：當今所謂的「工作」是指「合夥關係」

未來，所有想要在自我推銷時占盡優勢的人，都要認識到職場中勞資關係的變化。勞資關係的未來趨勢，逐漸轉變為以下三者的合夥關係：

❶雇主
❷雇員
❸他們服務的大眾對象

導入行銷服務新手法是新王道，個中原因不一而足。首先，**未來雇、傭雙方會被視為事業夥伴，雙方的業務都以有效服務大眾為主**。在過去，雇、傭雙方互換利益，盡全力從對方手中換來更多好處，卻沒有考慮他們的交易犧牲了自己所服務的大眾。

「禮貌」和「服務」是當今買賣的關鍵字，適用於「面對顧客」的程度大於「面對雇主」，這是因為整體分析過後，雇主與員工皆受僱於他們所服務的大眾，即顧客。如果他們服務不周，所付出的代價就是喪失服務的機會。

你的「質量兼具」（QQS）分數有多高？

先前的篇幅已經講述如何有效地推銷服務，除非你研究、分析、理解和應用它們，否則你無法永續且有效地銷售服務。也就是說，每個人都是自己的推銷員。服務的質與量，加上你提供服務時的精神，往往決定受僱期間的價格與期限。

你若希望有效地提供他人服務，意即在終生僱用的前提下，一邊優游於愉快的職場，一邊賺取令人心滿意足的薪資，就得採用並遵循「質量兼具」公式。也就是說，**提升品質**（quality）、**維持數量**（quantity），**外加平衡兩者相輔相成的合作精神**（spirit of cooperation），**三者就等於是完美的自我行銷服務術**。請謹記「質量兼具」（QQS）公式，並加倍努力，把它培養成習慣！

現在，且讓我們分析這套公式，確保你完全明白它的意義。

❶**服務的品質**意指，凡是與你的職務相關的每一道細節，即使是最枝微末節的部分，都要找到有效的方法解決，而且在你心中必須追求精益求精。

❷**服務的數量**意指，在累積經驗、培養更高階技能，奉獻你能提供的所有服務，讓自己的技能更上層樓，就能增加服務的數量。再強調一次，重點是養成習慣。

❸服務的精神意指與人和睦相處，以利促成與同儕和夥伴的合作。

適切的服務品質和數量，還不足以為你所提供的服務維持一個永續的市場，你所表現的行為或精神，才是決定你薪資水準和聘僱時間長短的決定性關鍵因素。

安德魯．卡內基談到成功自我推銷的因素時，看重這一點的程度勝過其他要項；他也一而再、再而三強調與人為善有其必要。他重申，任何員工就算能扛下再多工作、品質無可挑剔，但除非他能與人和睦相處，否則一律請他走路。卡內基先生堅持，人人都該與人為善，而且為了證明自己極度重視這種特質，他曾促成許多符合這項標準的人富甲一方；反之，做不到的人就會被解僱。

如果一個人擁有令人喜愛的個性，並能秉持和藹可親的精神提供服務，就算它提供的服務質量與數量仍有不足，討喜的言行往往能彌補缺憾。**天底下沒有任何事物可以取代令人愉快的言行舉止。**

你的專屬服務值多少？

每個以提供服務賺取收入的人就和販售日常用品的商人無異，其實，這些人的工作準則和販售日常用品的商人如出一轍。

我一再強調這一點是因為，大多數依靠販售服務維生的人都會犯一種錯誤，自以為不需要像售貨商人一樣受到行為準則與責任規範。

「強勢爭取」的時代已經過去了，「盡情付出」才是現今的王道。

你的大腦值多少錢，取決於你所販售的服務創造的收入總額。若要公允地估算你的大腦值多少錢，可以將你販售服務所獲得的年收入乘以十六又三分之二，因為將年收入視為你資本價值的百分之六，算是合理估計。年收入代表你資本價值的百分之六。金錢的價值比不上大腦，而且通常是差很遠。

能力出眾的「大腦」如果能靈活行銷，價值就會遠高於銷售貨品的資本。這是因為「大腦」資本不會因為經濟蕭條永久貶值，也不會被偷竊或被耗盡；尤有甚者，若是少了精明的「大腦」，做生意必備的資本根本就像沙丘一樣毫無價值。

失敗的三十種肇因：你犯了哪幾項？

人生最悲慘之事莫過於奮力一搏卻仍功敗垂成！這種悲劇絕大多數發生在輸家身上，成功人士則少之又少。

我曾有幸分析過幾千位男士、女士的經歷，其中高達百分之九十八都歸類為「輸家」。

我的分析結果證明，失敗有三十個肇因，請你逐項仔細檢視這份清單，同時檢驗自己的狀況，找出你和成功之間究竟隔著幾個失敗肇因。

❶ **先天遺傳不良**。腦袋天生不靈光的人，或許真是無計可施。本書僅能提供唯一補強弱項之道，亦即借助智囊團的力量（請詳見第九章）。不過，所幸三十條肇因裡，只有這一條任憑誰也難以修正。

❷ **欠缺清楚明確的人生目標**。凡是沒有中心思想或是找不到明確目標的人，壓根沒有成功指望，在我分析的族群裡，百分之九十八的輸家正是如此。或許這是他們人生失敗的主要肇因。

❸ **欠缺超越平庸的企圖心**。凡事無所謂、不願上進也不願付出代價的人，我們也不冀望他成功。

❹ **教育程度太低**。這一道障礙還算容易克服。經驗證明，「白手起家」或「自力學習」的人往往是學習成效最高的人，比拿到大學文憑還要有學養。學養，指的是在不侵犯他人權益的情況下，一個人有辦法達成所有人生目標。教育不僅僅是傳授知識，更是要持續地善用知識。人家付出報酬不僅是因為對方的知識，更重要的是他們知道如何應用所知、所學。

❺ **欠約自律**。紀律源於自我掌控，意味著你必須能掌控自己所有的負面特質。在你能掌控大局之前，必定得先掌控自己。駕馭自我是人這一生中最艱難的任

務。如果你無法征服自己，就會被自己打敗。當你照照鏡子，會看到自己最好的朋友，同時也是你最頑強的敵人。

❻ **健康欠佳。**一個人如果不能鍛鍊強健體魄，別想品嘗成功的甘美。身心不健康有許多原因，多半與自我掌控、自我管理有關。主要有以下幾點：

（一）攝取過多有害健康的食物。

（二）慣於負面思考、負面作為。

（三）不當的性愛關係與縱欲無度。

（四）缺乏適度運動。

（五）呼吸調節不佳，導致新鮮空氣的供應不足。

❼ **童年時代生活在不良環境中。**古諺有云：「龍生龍、鳳生鳳，老鼠的孩子會打洞」，多數犯罪傾向多半來自童年時代生長在惡劣環境，再加上周遭損友近墨者黑。

❽ **拖拖拉拉。**這是最常見的一種失敗肇因。「甩不掉的拖拉病」陰魂不散地籠罩在所有人的心頭，伺機破壞成功的機會。我們多數人終生只能庸庸碌碌，就是

致富祕訣21

提升品質、維持數量，外加平衡兩者相輔相成的合作精神，就等於是完美的自我行銷服務術。

因為我們老是在等待「天時、地利、人和」，才要放手一搏。切莫磋跎光陰。時機不會永遠「來得正是時候」。現在開始，不管手上有什麼資源，儘管使出來就是了，在邁向成功的路上，還會有更好的資源等你取用。

❾ **欠缺毅力**。我們多數人動手做任何事情時，都善於「起頭」、疏於「收尾」；稍見苗頭不對就想要收手。毅力無可取代。努力不懈的人終究會發現，「失敗」最終會厭倦你，然後離你而去。失敗永遠打不過硬撐到底。

❿ **消極性格**。性格消極的人惹人厭，成功與他們無緣。成功來自善用力量，而力量來自與他人協力合作。消極性格只會讓別人退避三舍。

⓫ **控制不了性欲**。在所有促使人們採取行動的能量中，性欲高居榜首，因為性欲是最強烈的情感，所以必須妥善掌控，透過昇華和轉移的方法導向其他管道。

⓬ **放任自己渴望「不勞而獲」**。先天的賭徒性格總是驅策成千上百萬人一路跌落失敗深淵。一九二九年華爾街崩盤就有許多真實案例。當時成千上百萬人都只想靠炒股票發大財，幻想一夕致富。

⓭ **欠缺果斷的決策力**。成功人士都能迅速果斷地下定決心，但就算後來非得改紘易轍不可，也會經過一番深思熟慮。反之，輸家卻是慢條斯理做決策，改變心意則像翻書一樣快、狠、準。三心二意與拖拖拉拉是難兄難弟，只要有一個現身，另一個也會長伴左右。請在它們還沒完全把你五花大綁推下失敗深淵之前消滅它們吧。

⑭至少具備六大恐懼因素之一。你會在第十四章讀到「六大基本恐懼」，請在成功提供個人服務之前，先成功克服這些恐懼。

⑮選錯人生伴侶。這是最常見的失敗肇因。婚姻關係讓一對佳偶親密接觸，但除非感情和諧，否則失敗隨之而至；尤有甚者，它的失敗形式將是充滿悲苦與不幸，還會進一步摧毀一個人滿腔的雄心壯志。

⑯小心過頭。完全不願意賭一把的人通常只能接收別人挑剩後晾在一旁的東西。小心過頭和粗心大意一樣糟糕，兩者都應該避免。人生本來就是處處皆機遇。

⑰錯選事業夥伴。這是商業界最常犯的失敗肇因。你在推銷自己的服務時，也應該謹慎地選擇雇主，最好是能夠激勵你，還得是有智慧又成功的對象。人會模仿身邊過從甚密的人，所以請選一個值得效法的雇主。

⑱迷信和偏見。迷信是一種恐懼的形式，也是無知的象徵。成功人士總是虛懷若谷、無畏無懼。

⑲誤入歧途。一個討厭自己行業的人終究不會成功。自我推銷服務時，最重要的一步就是選擇一份自己能夠全心投入的職業。

⑳欠缺事心致志的能力。「萬事通先生」很少真的什麼都通，卻總是樣樣鬆。全神貫注一個明確的首要目標就好。

㉑花錢如流水的惡習。揮金如土的人不會成功，主要是因為他們不知人間疾苦。請從收入中撥出一筆固定比率的金額，養成有計畫的存錢習慣。當你與雇主談

條件的時候，銀行戶頭裡的錢能夠提供你勇氣。沒有錢，你就只能來者不拒，還會慶幸自己到了一份工作。

㉒ **欠缺熱忱**。一個沒有熱忱的人無法取信於人；尤有甚者，熱忱深具感染力，擁有熱忱而且能適時表達的人通常走到哪裡都會受歡迎。

㉓ **心胸狹窄**。對任何事情都「故步自封」的人往往不會進步。心胸狹窄意味著他停止繼續學習。最具破壞力的偏執就是那些不能容忍別人在宗教、種族與政治立場相左的人。

㉔ **毫無節制**。最具破壞力的形式就是飲食無度、恣情縱欲。過分耽溺在感官享受阻擋你邁向成功的障礙。

㉕ **無法與他人合作**。越來越多人為此失去地位與人生重大機會，勝過其他林林總總的原因。這是見多識廣的高階主管或領導者最無法忍受的錯誤。

㉖ **不是憑一己之力掌握大權**。好比富有家庭的子女，以及所有靠長輩遺產度日的人。如果天下不是自己打下來的，最後往往會成為成功的致命傷。一夕暴富反而比貧窮還要可怕。

㉗ **蓄意欺騙**。誠實是無價之寶、無可取代。當一個人置身無法掌控的環境中，身不由己一時扯謊，若沒有造成傷害，或許還可以原諒；但是刻意欺騙他人卻是無可救藥的行為，劣跡遲早會敗露，因此名譽掃地，或許失去自由。

28 自大、虛榮。這兩種特質就好比是紅燈，警告他人退避三舍。它們都是成功的致命傷。

29 胡亂臆測，不願動腦。多數人若非不求甚解就是懶惰成性，懶得為了正確思考去查閱資料，偏好依據揣度或未經檢證的結論貿然行動。

30 口袋空空。這一點經常可在第一次創業的人身上看到，他們多半荷包乾癟，無法吸收犯錯引發的後果，更無力花時間彌補過失，撐到重新建立商譽。

在此，請任意寫下一則你以前經歷過，但未曾列入前述三十則失敗肇因裡。

失敗肇因：＿＿＿＿＿＿＿＿＿＿＿＿

前述三十條主要的失敗肇因可說是人生悲劇，幾乎是每一個嘗試過卻失敗的人活生生的寫照。如果你能找一位瞭解你的人一起討論這張清單，幫你分析自己犯了三十條原因中的哪幾條，一定會獲益良多，肯定比自己關起門來埋頭苦思更有用。我們多數人都是當局者迷，旁觀者清，這麼做可以避免落入同樣情境。

換工作前，務必確定你值得高於目前薪水的金額

古諺有云：知己知彼！如果你想成功地推銷商品，就必須瞭解商品，推銷自己的服務也是同樣道理。你應該清楚自己的所有弱點，才能設法補救或徹底抹除這些短處；你也應該清楚自己的所有長處，這樣才能在自我推銷時引起他人關注。只有精準地分析自己，你才可以瞭解自己。

自我認識不清有多愚蠢，我們可以從一名年輕人向知名企業經理的求職經過看出來。他一路過關斬將在面試者心中留下好印象，直到經理問起他對薪資的期望值。他說心裡沒個底（缺乏明確目標）。於是經理就說：「要不這樣好了，我們先試用一星期，再依據你的表現決定要付你多少全薪。」

「恕我難以從命，」應徵者說，「我希望的待遇必須高於我現在的工作。」

當你另謀高就之際，請務必確認你值得領一份高於當前薪水的金額。

人人都想要更多錢，但這和你是否值得領更高薪完全是兩碼子事！**許多人都誤以為只要敢開口要就能拿得到高薪。但你的經濟要求或期望，其實與你個人的實際價值完全無關。你的價值完全建立在你是否有足夠能耐提供有用服務，或是能否促使別人提供這種服務。**

年終自我檢討——你應該問自己的二十八道問題

想要有效地自我推銷服務，年度自我分析至關重要，一如店家每年盤點存貨一樣；而且，年度分析的結果應該顯示錯誤下降、效能上升。每個人的一生不進則退，目標當然應該是前進。利用年度自我分析，可以看出究竟自己有沒有進步，如果有的話，進步幅度是多少。成功的自我推銷服務會鞭策一個人勇往直前，即使進步只有一丁點。

你的年度自我分析應該在年底進行，這樣一來，分析結果所指出的改進之處，就可以直接將解決方法納入新年度的計畫裡。拿著這份詳細清單捫心自問以下問題，然後請他人協助一起逐項檢視自己的回答。這個人必須要能做到不允許你自欺欺人。

個人自我分析問卷

❶今年我是否達到年初為自己設定的目標？（你應該要訂定一套具體的年度目標，當作人生目標的一部分。）

❷我已經竭盡所能地提供最優質服務嗎？或是說，整套服務中是否有哪個環節我應該加以改進？

❸我已經竭盡所能地提供最大量服務嗎？
❹我的工作精神是否總是表現出和諧與合作？
❺我是否放任拖拖拉拉的壞毛病減損我的工作效率？若此，減損程度有多嚴重？
❻我是否改善自己的個性？若此，哪些方面具體改善了？
❼我是否一路堅持自己的計畫直到完成為止？
❽我是否遇到任何狀況都能迅速、明確地做出決定？
❾我是否任由六大基本恐懼（請詳見第十四章）影響並減損自己的工作效率？
❿我是否「謹慎過頭」或太「粗心大意」？
⓫我和同事的關係是相處愉快還是劍拔弩張？若是後者，我該負起多少責任？
⓬我是否疏於聚精會神，結果浪費許多精力？
⓭我在面對所有議題時都心胸開放、寬容大量嗎？
⓮我在哪些方面確實改善自己提供服務的能力？
⓯我有放縱無度的習慣嗎？
⓰我是否曾在公開或私人場合中表現出自大的行為？
⓱我對待同事的態度是否能為自己贏得他們的尊敬？
⓲我提供的意見和決定是出於臆測，還是基於正確的分析與思考？
⓳我是否遵循管理時間、支出與收入的良好習慣？我是否做到量入為出？
⓴我花費多少原本可以更妥善利用的時間在徒勞無功的事情上？

㉑我應該如何重新分配時間、改變陋習，以便在來年提高工作效率？
㉒我是否做過什麼對不起自己良心的行為？
㉓我是否在哪些方面提供超過本分所規定更優質、更大量的服務？
㉔我曾對他人不公平嗎？若此，表現在哪些方面？
㉕假設我是今年購買自己服務的雇主，我感覺這筆錢花得值得嗎？
㉖購買我服務的雇主感覺這筆錢花得值得嗎？若否，問題出在哪裡？
㉗我選對職業了嗎？若否，問題出在哪裡？
㉘就成功的基本原則而言，現刻我應該是得到什麼樣的評價？
（請公平、坦白地自我評分，然後請一個膽敢糾正自己的人來檢驗評分表。）

等你閱讀並吸收本章的資訊後，現在就能著手為推銷自我服務打造一套務實的計畫。本章詳細說明了擬定推銷自我服務計畫的每一項基本原則，包括領導者的人格特質、領導失敗的肇因、亟需領導職缺的領域、從事行業失敗的原因，以及用來自我分析的問題清單。

致富祕訣22

當你另謀高就之際，務必確認你值得領一份高於當前薪水的金額。你的價值完全建立在是否有足夠能耐提供有用服務。

本章提供了如此詳實豐富的資訊，是因為每一個必須藉由銷售個人服務來賺錢的人，都會用到它。身無分文或剛踏進職場的新人，唯有一身功夫可以換來財富，因此，他們需要一套必需的實務資訊來推銷自己的服務，爭取最大優勢，這一點至關重要。

完全消化並理解本章所提供的資訊，對於個人推銷服務助益頗大，也會幫助他變得更善於分析、更有能力評斷他人。對人事主管、企業管理階層與其他肩負挑選員工、維繫組織有效運作的高階主管而言，堪稱無價之寶。如果你尚有懷疑，請自行回答上述二十八道自我分析的問題，就能知道我所言不假。

在現代社會，致富機會俯拾即是

現在我們已經分析過致富的原則，接著自然就會想問：「該上哪兒找到妥善應用這些原則的大好機會呢？」問得好。現在就讓我們來看看，西方世界提供一心致富的人哪些大大小小的機會。

在此，請容我提醒各位，我們生活在一個奉公守法的公民都享有思想自由的社會。多數人從未想過，這種自由是一種無上的優勢。我們從未拿自己毫不受限的自由與其他自由被剝奪的社會比較過。

我們安居在這個社會，擁有思想、選擇、教育、宗教與政治自由；可以自主決定進入哪一門行業、投身專業或職務的自由；愛累積並擁有多少財富、就累積並擁有多少財富；任意選擇居住處所、結婚對象；而且所有種族都自由享有平等機會；旅行、飲食自由；我們更有自由追求任何自己所期望的人生地位。

我們還有各式各樣的自由，這裡不過是寫出最重要的幾項，機會就蘊藏在其中。

接下來，讓我們詳細檢視這些無邊無際的自由帶來什麼福報。就以美國一般中等收入的家庭為例，概述每一名家庭成員在這個國家享有哪些好處。

❶ **食**。我們普遍擁有選擇自由，因此一般家庭可以就近買到各式各樣財務能力負擔得起的食物。

❷ **住**。一般家庭住在舒適的公寓裡，花費合理的代價就可以使用暖氣、電力照明和烹飪用的瓦斯；準備早餐時有烤吐司機可用，清潔地毯時則有吸塵器可用；廚房與浴室的冷、熱水隨時可以自由調節；食物可以放在冰箱裡保持新鮮。太太可以買進各種電器設備，輕輕鬆鬆地插入牆上的插座就能自由創造髮型、清洗並熨燙衣物；先生拿電動刮鬍刀修臉。如果他們想要找點樂子，只要打開電視，一天二十四小時隨時都可收看世界各地的娛樂節目。

❸ **衣**。西方社會的男女老幼都能自由自在選購衣物，並且在家庭收入許可的情況下，覺得怎麼舒適就怎麼打扮。

我僅簡單略述食、住與衣這三大生活基本需求，一般民眾中規中矩地每天工作八小時，就能享有其他的基本權利與優勢。

資本制度的神祕力量

我秉持不藏私、不洩恨的原則，也沒有任何私密的動機立場，因此有幸坦率分析所謂神祕、抽象，而且嚴重遭到誤解的「那回事」，因為它，我們才擁有全世界最美好的福報與機會，可以累積財富並享有各式各樣的自由。

我具備資格足以分析這股無形力量的源頭和性質，因為我一向知道，超過二十五年來已經有許多人指揮運用這股力量，現在他們都負起維繫它的責任。

這道堪稱人類救世主的神祕力量名為**資本制度**！

資本涵蓋的範圍不僅僅是金錢而已，更特別意指那些具備高度組織、聰明才智的群體，他們規劃有效活用金錢的方法與手段，以便造福大眾，同時也為自己創造利潤。

這些群體包含科學家、教育家、化學家、發明家、產業分析師、公關專家、運輸專家、會計師、律師、醫師，還有各行各業裡具備專門產業知識的人士，他們進入全新領域打頭陣、做實驗、披荊斬棘；他們資助大專院校、醫院與一般學校、修橋造路、出版報紙、上繳重稅維繫政府運作，而且還照料促進人類發展的諸多重要細節。

一言以蔽之，資本家是人類文明的大腦，因為他們支撐從教育、啟蒙到人類進步的整套體系運作。

有錢無腦總是很危險，唯有妥善運用金錢才能打下人類文明最重要的根基。居住在城市中的家庭每天清晨享用的簡單早餐包括新鮮葡萄柚果汁、營養穀片、雞蛋、麵包、奶油，再沏一壺加了糖的茶，倘使資本沒有被統籌運用在購買機器設備、建造船隻、修築鐵路，然後再聘僱一大批訓練有素的員工運行它們，這些食材全都不可能花小錢就買得到。

接下來就用準備早餐為例試想，妥善調度資本的重要性，少了它，你要為家庭張羅一頓簡單的早餐會有多費工夫。

你想要沏一壺茶，得大老遠跑到中國或印度，除非你是個天下無敵的泳者，否則還沒游回美國就已經累倒了；這中間還有一個問題，即使你真的體力過人好了，你要拿什麼東西代替金錢買茶葉？

你想加糖，就得再游一趟到某個加勒比海小島，或是遠赴某塊甜菜根田地。不過，即使你真的辦到了也可能空手而回，因為製糖得僱人力、得花錢，更別提其後的精煉、運送並配銷到家中的早餐桌上。

至於雞蛋的話，可能取得容易些；不過你還是得再度踏上長征之旅，才能榨出兩杯新鮮葡萄柚果汁。

當你想要端上四片小麥吐司，一樣得走上好遠一段路才能抵達小麥產地。菜單上的營養穀片大概得刪除了，因為若沒有專業組織花錢購買機器並僱人生產，就別妄想它會憑空而降。這一切全得花錢才辦得到。

你若跑累了想歇歇腿，乾脆再跳下海長泳到南美，這樣你或許可以在當地撿幾串香蕉；回程時可以走一小段路到最近的酪農場，取走一點奶油和乳酪。接著，你的城市家庭就可以好整以暇地端坐桌前，享用早餐了。

是不是覺得很離譜？其實呢，如果我們不是資本運作的社會，前述幾段張羅食材的過程就可能是唯一可行之道。

合法擁有財富最可靠的做法：提供有用服務

打造、維繫鐵路與船隻運作，然後用來運送簡單的早餐食材，所需的資金總額高到只能用天價形容，不僅造價就高達幾億美元，更別提培養訓練有素的員工駕駛船隻與鐵路。不過運輸業僅是現代文明一部分，在裝箱運送之前，農夫得先下田栽種、生產商得製造，然後才配銷到市場上。這幾道程序又得花上幾百萬美元，從購買機器設備、裝箱作業、銷售，到給付幾百萬名勞工薪資。

船隻與鐵路不會憑空冒出來，也不會自動運作，它們是一批具備想像力、信念、熱忱、決策力與毅力的人士發揮聰明才智、組織能力，因應文明發展需求，投入建設、營運的心血結晶！這些人就是大家熟知的資本家，被一股建設硬體、建立架構、達成目標、提供實用服務、賺取利潤並累積財富的渴望驅策。因為他們提供奠定文明必需的服務，因此也就是敦促自己走向鉅富的人生道路。

我想讓這段說明簡潔易懂，因此得再補充幾句。資本家確實就是許多自許社會正義人士指責的那群人，我們都聽過他們被稱為激進份子、詐騙集團、謊話連篇的政客及工會領袖指控的「掠奪利益者」。

我無意在此聲援或反對任何特定團體或經濟體系，而且當我提到「工會領袖」時，也不打算譴責任何團體力量，更沒有想要開一張清白證明給所有人稱資本家的對象。

我全心全意投入超過二十五年精雕細琢本書的宗旨：為所有想要學習致富之道的人士提供一套最可靠的人生哲理，讓他們參照其中知識，隨心所欲地累積財富。

我在此分析資本體系的經濟優勢，主要有兩個目的：

❶這套體系控制所有大大小小的致富之道，尋求榮華富貴的人士必須認清並願意融入這套體系裡，而且順應局勢。

❷政客與煽動家刻意將有組織的資本主義描繪成毒瘤，我要提出他們沒有提出的事實。

我們身處活用資本發展而成的資本社會。我們這些享用自由與機會帶來的甜美果實、在此尋求致富之道的人，應該認清一個事實，如果資本制度帶來的利益未曾提供財富或機會的話，我們根本什麼好處也撈不到。

累積並合法擁有財富的唯一可靠做法就是提供有用服務。我從未看過哪一套系統可以無須提供服務當作回報，就合法賺到財富。

千萬記住一點，在貨物與個人服務之間的所有交換過程背後，你可能會發現大量累積財富的機會。這時，自由就是我們的助力，沒有什麼事可以阻止你或其他人投入心力提供與這些商業活動有關的服務。如果一個人天賦異稟、受過良好訓練、歷練豐富經驗，他或許就有機會飛黃騰達。任何人都可以付出微薄的努力掙一口飯吃。

好了，事實就是這樣！機會已經為你敞開大門，請大方登堂入室，挑選你想要的目標，打造你的計畫，然後秉持努力不懈的毅力付諸行動。「資本」社會就會接手後續流程。你可以放心交給它無妨。**資本社會保障每個人都有機會可以提供有用服務，並據此賺取等值的財富。**這套「系統」賜予所有人機會，但容不得人不勞而獲。經濟法則本身堅決控制這套系統，即使暫時給你白吃的午餐，久了也會要你付出代價。

你的成就有多少，取決於你的計畫有多周全。

成功人士思維 07

明確可行的計畫，將渴望落實為財富！

- 即使是天底下最聰明絕頂的人，若缺乏實際可行的計畫，別說是賺大錢了，就連其他事業都別想成功。
- 適切的服務品質和數量，還不足以為你所提供的服務維持一個永續的市場，你所表現的行為或精神，才是決定你薪資水準和聘僱時間長短的決定性關鍵因素。
- 天底下沒有任何事物可以取代令人愉快的言行舉止。
- 資本社會保障每個人都有機會可以提供有用服務，並據此賺取等值的財富。

按部就班築夢踏實的力量
——軟體銀行集團創辦人孫正義

軟銀集團（Soft Bank）的創辦人兼社長孫正義生於日本佐賀縣，是韓裔日本人第三代。因為身為朝鮮後裔，幼年時受到同年紀日本人的歧視。

高中時期，孫正義讀了日本麥當勞社長藤田田的著作《改變世界經濟的猶太商法》後大受感動，下定決心無論如何一定要親自見藤田一面。一開始，堂堂日本麥當勞社長怎麼會接見一個平凡高中生，但孫正義鍥而不捨再三求見，終於打動了藤田田答應與他見面。在社長室內，孫正義問道：「接下來我要到美國，請問您有什麼建議？」藤田建議他學習電腦相關知識。

之後，孫正義移居加州，進入加州大學伯克萊分校，主修經濟，還選讀了電腦相關課程。十九歲那年，他被一本雜誌內提及的微型晶片吸引，認為電腦科技將帶起下一輪的商業革命。

他定下了「人生五十年計畫」——「在二十幾歲揚名；三十幾歲存下至少一千億日圓的資金；四十幾歲決一勝負；五十幾歲成就事業；六十幾歲時找到事業的後繼者。」

留意到和微型晶片相關的東西將來的無限發展可能性，孫正義決定每天至少要想出一個相關的企業點子。他取得一個翻譯裝置的專利，以一億日圓賣給夏普（Sharp Corporation），並以這筆錢為資金，在美國開設軟體開發公司，獲得極大利益。一九八一年，二十四歲的孫正義在日本創立「日本銀行」，他照著自己設立的人生目標，一步步前進，之後事業獲得成功的孫正義招待年輕時的人生導師藤田田吃飯，席間藤田田得知眼前成功的企業家就是當初那個大膽的高中生時，又驚又喜的他向孫正義買了三百台電腦。

《富比士》雜誌公布二〇一七年全球富豪排名，孫正義以兩百一十二億美元淨資產，成為日本首富。

軟體銀行集團創辦人孫正義的成功祕訣——

訂立明確的人生階段計畫，朝著目標勇往直前！

參考資料：《遠大志向 孫正義正傳（新版）》井上篤夫／著（實業之日本社）無繁體中文版

第七章

成功白金法則7
下定決心
——戰勝拖拖拉拉的毛病

我想到一個賺錢好點子，
不過我覺得還要從長計議，
不要貿然出手……
我腦袋裡有一個不錯的點子，
我決定馬上付諸實行！

千萬富豪的特質：下決定時明快、確實；改變主意卻深思熟慮

我精確分析二萬五千多名失敗人士的經歷後歸納出一項事實：**在失敗的三十種肇因裡，缺乏決心名列前茅。**這句話是再真切不過的事實。

拖拖拉拉是當機立斷的反義詞，幾乎是人人都必須克服的天敵。

讀完本書之前，你將有機會測試自己是否有能耐做出明快、確實的決定，並做好準備開始將本書所建議的原則付諸行動。

我分析幾百名千萬富豪後發現一項事實：他們幾乎每一位都能迅速果斷地下定決心，就算後來非得改絃易轍不可，也會經過一番審慎思考；但賺不了大錢的輸家則無一例外地慢條斯理做決策，事後卻常常翻盤，而且就像翻書一樣快。

亨利．福特最卓然出眾的特質之一就是他能迅速、果斷地做決策，但改變時卻慢條斯理。這種特質在他身上十分搶眼，因此為他贏得「頑石」的名號，當所有顧問、汽車買主都敦促他改變曾被稱為全世界最醜車款的T型車時，他卻力排眾議堅持生產。

或許福特在改變心意上延宕過久，但換個角度說，正是因為他一旦做決策就堅決不動搖，所以才為他帶進龐大財富，直到下次車型必須改款。福特一旦打定主意便從一而終的習慣確實稍有冥頑不靈之嫌，但這種特質卻好過做決定時慢如牛步，一談到改變決定卻又快如閃電。

先做出成績，再向全世界宣告

一般來說，絕大多數賺不了大錢的人都容易聽信「外人之言」，任由報紙與街坊鄰居的「讒言」成為他們「思考」的來源。「意見」是世上最廉價的商品，人人都有滿肚子話想對願意傾聽的人傾訴，當你做決策時聽信「外人之言」，無論進哪一行都不會成功，更別提將自己的渴望轉變為財富。

如果你容易聽信外人，就不會擁有自己的渴望。

當你開始將本書所建議的原則付諸行動，請不要四處張揚，只需逕行做成決定，然後貫徹始終即可。**除了和「智囊團」討論之外，千萬別見人就說，而且務必慎選智囊團成員，唯有能夠完全明白你的初衷、心意相通的對象才適合。**

感情融洽的親朋好友即使不會刻意阻撓，卻常是「意見相左」的一派，有時甚至還會自以為幽默地揶揄挖苦你。成千上百萬人終其一生都有自卑感，正是因為被這種立意良善但自以為是的親朋好友揶揄挖苦因此毀了自信心。

你有腦子、有智慧，請發揮它們的作用自己做決定。不過，在許多情況下你有可能

致富祕訣23

富人下決定時迅速果斷，改變心意則會經過審慎思考；窮人做決策時慢條斯理，事後卻經常翻盤，就像翻書一樣快。

需要知道事實或聽取他人高見才能做決定，此時請不動聲色地自己蒐集相關事實與資訊，千萬別大聲嚷嚷。

有一種人天生就是半桶水，他們的特徵就是愛裝腔作勢，製造出學富五車的假象。這一類型的人通常很愛高談闊論，對別人的話卻置若罔聞。如果你想要養成果斷決定的習慣，請保持謙虛寡言的應對方式。一旦你說得多、聽得少，不僅會失去累積知識的機會，還會在無意中洩漏計畫與目標，讓那些心生嫉妒並以擊敗你為樂的人得逞。

也請謹記，每一次你班門弄斧時，就等於是自曝其短，讓對方看穿你其實只有三腳貓的功夫！**真正的智慧是虛懷若谷、沉默是金**。

請記住這個事實：你周遭往來的每個人都像你一樣四處尋找飛黃騰達的機會，如果你對自己的計畫太口無遮攔，當有一天突然知道，自己功虧一簣竟然是因為愚蠢地到處講計畫，結果被別人搶先一步付諸實行、平步青雲，你可能會驚訝到下巴都要掉下來。

請把謙虛寡言當作行事的第一準則。

你若想提醒自己恪守這句建言，這個方法或許有幫助：把下面這句話寫成大字，然後張貼在每天都能看見的地方：

先做出成績，再宣告全世界。

上述這句話在提醒你：空口白話不如實際行動。

決定的價值取決於實現的勇氣

偉大的決定是文明的基礎，通常得冒著失去生命的超高風險才能達成。

林肯決心發表著名的《解放奴隸宣言》（The Emancipation Proclamation），將自由還給遭到奴役的美國黑人時完全明白，自己的行動將會招致成千上萬名朋友、政治盟友異口同聲反對。

希臘哲人蘇格拉底（Socrate）決定喝下毒藥，這個決定使得社會發展所需的時程加快一千年，也賦予當時尚未出世的現代人思想及言論自由的權利。

美國南北戰爭期間，羅伯特．李將軍（General Robert E. Lee）選擇與北方分道揚鑣，支持南方聯盟，真正是勇氣可嘉，因為他知道這個決定的代價可能會讓他付出生命，而且也必須要犧牲一部分人的生命。

促成自由國度誕生的決心與勇氣

但是，就美國公民所見所聞，歷史上最勇敢無畏的決定當屬一七七六年七月四日，五十六位代表在費城召開大陸會議，全體在《獨立宣言》上簽名，所有人都知道，此舉最終若非帶給全美國人自由，他們這群人全得同赴黃泉！你可能聽說過這份赫赫有名的

《獨立宣言》，卻也許不曾全盤細想其中蘊含的偉大啟示。

我們所有人都記得這個做出重大決定的日期，但很少有人能體會，下這個決定需要多少勇氣。我們都記得歷史課本上記載的事蹟，像是日期和參戰的英雄大名；我們記得賓州附近的福奇谷（Valley Forge）和維吉尼亞州的約克鎮（Yorktown）；我們記得帶領美軍的總司令喬治・華盛頓（George Washington）、指揮英軍的康沃利斯勳爵（Lord Cornwallis），但我們可能不瞭解，這些人名、地名和日期背後有一股真實的力量；我們對無形的力量所知有限，早在華盛頓的軍隊離約克鎮還很遠時，它就保障美國人將會享有自由。

歷史學家們幾乎完全略而不談那股沛然莫之能禦的力量，它才是真正催生自由美國，並為全人類樹立獨立榜樣的真正推手。同樣是這股力量推動我們克服人生難關，並強迫生命依照我們立定的心意付出代價。

讓我們簡要看看這股力量催生的歷史事件。故事始於一七七〇年三月五日一場發生在波士頓的意外。英國士兵上街巡邏，所到之處便隨意欺壓當地市民。殖民地居民怒氣沖沖地團團圍住這些武裝士兵，公然表露內心的憤怒，朝他們丟擲石塊並大聲呼喊口號，直到英軍指揮官下令：「上刺刀……進攻！」

混戰越演越烈，許多人橫死街頭或身受重傷。這起事件引沖天民怨，於是地方上德高望重的前輩組成的省議會（Provincial Assembly）召開會議，商討解決問題的具體辦法。會議中，約翰・漢考克（John Hancock）與山繆・亞當斯（Samuel Adams）這兩位代表勇敢起身發言，宣稱必須採取行動，將英軍全數逐出波士頓。

請記住：這兩位紳士心中的**決定**正可視為現代美國人所享自由的開端；也請記住，他們做出這道決定必然需要莫大信心和勇氣，因為風險極大。

省議會休會前，山繆・亞當斯獲指派前往拜訪當地總督哈欽森（Thomas Hutchinson），要求英國部隊撤軍。他的請求獲准，英國軍隊也撤出波士頓，不過整起事件不僅並未從此落幕，反而引發一連串後續影響，徹底扭轉文明趨勢。

賭上性命的決定改變歷史

在這段歷史裡，理查・亨利・李（Richard Henry Lee）稱得上是故事要角。他和山繆・亞當斯經常書信往返，各自暢所欲言對地方前途的恐懼與希望。亞當斯從魚雁往返的交流中發展出一個主意：要是當時的十三個殖民州經常互通有無的話，或許有助於協調各方合作、凝聚彼此共識解決問題。一七七二年三月，就在波士頓的軍民發生衝突之後兩年，亞當斯向議會提出一個想法，呼籲各殖民區合力建立通訊委員會（Correspondence Committee），明確指派一名通訊員，「以促進英屬美洲殖民地（The Colonies of British America）之間的友善合作關係之目的」。請留意這段插曲！自此，這個組織無遠弗屆的力量開始向外延展，最終更為全美國人帶來自由；智囊團也儼然成形，包括亞當斯、李與漢考克；就連通訊委員會都已初具雛形。

團結就是力量！各殖民地的人民原本就經常毫無章法地和英軍對幹，大多數就像波士頓暴動事件一樣起不了什麼作用，也沒換來什麼好處。他們各自心懷憤懣，但從來沒有一個智囊團可以整合各方勢力；沒有任何團體的成員傾注身、心、靈，確切決定要一勞永逸地解決橫亙在雙方之間的難題，直到亞當斯、漢考克與李展開通力合作。

與此同時，英國人也沒閒著，他們一邊制定對策，一邊自組智囊團，而且他們還有雄厚的財力與兵力優勢在背後撐腰。

英國王室指派蓋吉（Thomas Gage）接任哈欽森的麻薩諸塞州總督職位，這位新總督的第一項行動就是派遣信差去拜訪山繆・亞當斯，祭出恐嚇手段，要他停止反英行動。

這位信差便是芬頓上校（Colonel William M. Fenton）。我們最好完整引用他與亞當斯之間的對話，一窺當下的發展。芬頓上校說：「蓋吉總督授權在下向亞當斯先生保證，只要閣下願意停止反對政府的種種舉措，總督絕對給得起令人心滿意足的利益和權力（企圖收買亞當斯）。總督奉勸您，不要惹惱英王龍顏大怒。您的諸多作為已經觸犯享利八世頒布的法律，若依法辦理，總督可定奪是否將您押回英格蘭，接受叛國罪或是隱匿他人叛國罪等名義的審判。不過，只要您改變政治立場，不僅可以得到不計其數的個人利益，還能與英王和平修好。」

山繆・亞當斯當下面臨兩個選擇。一是停止反對政府，接受私下賄賂；二是他繼續反抗政府，擔起走上絞刑台的風險！亞當斯面臨關鍵時刻，被迫當場就做出一個攸關生死的決定。他當時堅持，芬頓上校必須保證將他的答覆一字不漏地轉告總督。

亞當斯的答覆是：「那就煩請稟告蓋吉總督，我始終自認為與萬王之王和平交好。沒有任何私人利益可以讓我放棄追求國家公平正義。再者，也請將山繆．亞當斯的忠告上稟蓋吉總督，千萬別再羞辱怒火沖天的人民心中僅存的情感了。」

蓋吉總督一聽到亞當斯的挖苦回覆大發雷霆，立即下達一份公告，上頭寫著：「謹依陛下之名昭示天下，舉凡放下武器、重拾祥和之人，一概赦免其罪。惟獨山繆．亞當斯與約翰．漢考克兩人不在此列。他倆罪嫌重大，理當嚴懲重罰，絕不寬恕。」

套一句現代流行語，當時的亞當斯和漢考克「完蛋」了！總督一怒之下發出的威脅促使他們兩人下定同樣危險的決心。他們匆匆召集一批最忠貞的追隨者祕密開會。（自此，智囊團便開始接手營造氣勢。）全員到齊後，亞當斯把門反鎖，將鑰匙收在口袋裡，然後告知在場所有人，成立殖民區議會之事已迫在眉睫，在這項計畫塵埃落定之前，誰也不准離開會議室。

騷動隨之四起。有些人開始衡量這種激進行動可能產生的後果，也有些人強烈懷疑，反抗英王這項明確決定是否明智。所有被鎖在房裡的人只有兩個人無畏無懼，即漢考克與亞當斯。他們兩人發揮智慧和影響力，終於讓其他人一致同意這項決定。隨後通訊委員會便著手安排第一次大陸會議（First Continental Congress），敲定一七七四年九月五日在費城舉行。請牢記這個日子，它比一七七六年七月四日更重要，因為，如果沒有大陸會議做成決定，就沒有《獨立宣言》簽字的可能性。

第一次大陸會議揭幕前，另一位置身美國其他地區的領導者正為出版他的《英屬北美概要》（A Summary View of the Rights of British America）苦惱，此人即是維吉尼亞州下議院議員湯瑪士・傑佛遜（Thomas Jefferson），而且他與鄧摩爾勳爵（Lord Dunmore）的關係就像漢考克、亞當斯和他們的總督一樣緊張。

傑佛遜出版著名的《英屬北美概要》不久後得知，自己將以叛逆英王政府的最高罪名受審，他的同僚派崔克・亨利（Patrick Henry）聽到消息激動不已，大膽吐露心聲，還用一句足可留芳萬世的經典語錄總結：「如果這就是叛國，那就造反到底吧。」

就這樣，像這兩位同樣沒有權勢、沒有一兵一卒，也沒有財力的大男人同聚一室，從第一次大陸會議開始就持續嚴肅地思考殖民區的命運，其後兩年間也不定期開會，直到一七七六年六月七日，理查・亨利・李起身向在座出席者與主席曉以大義，提出以下建議：「各位，我謹提出一項動議，聯合殖民區應有權利自主獨立，不再效忠英國王室；與大不列顛的所有政治關係應當全面解除。」

《獨立宣言》的誕生

李的言論震驚四座，引發熱烈討論，但遲遲未見下文，以至於他耐性全失。幾天辯論後，他終於再度發聲，以清晰、堅定的語調重申：「主席先生，我們已經討論好幾天了。既然這是我們唯一的出路，何必再拖下去？再討論下去還有什麼意義呢？何不讓這個快樂的日子成為美利堅合眾國的誕生日。讓她挺身而立，而非破壞或征服。就讓歐洲看著我們如何成事吧。她要我們做出追求自由的活生生榜樣，而非血淋淋的寫照，並重新建立起和平與法律的統治。」

李因為提議被提出表決前接到家人病重的消息，當下被召回維吉尼亞。但他在離去前託付朋友湯瑪士．傑佛遜完成理念，後者也承諾定將奮戰到底。很快地，大會主席漢考克便指派傑佛遜擔任起草《獨立宣言》的委員會主席。

委員會為了完成艱鉅使命伏案多時，而且絞盡腦汁，一旦議會通過《獨立宣言》，那就意味著，一場與大不列顛的血戰必將來臨。倘若殖民區功敗垂成，**所有簽署《獨立宣言》的人就等於是先為自己簽下死亡聲明**。

文件擬好後，六月二十八日向議會宣讀原稿，往後再花幾天繼續討論、修改並定稿。一七七六年七月四日，湯瑪士．傑佛遜站在議會裡，面無懼色地朗讀這份史上最重要的書面決定。

「在有關人類事務的發展過程中，當一個民族必須解除其和另一個民族之間的政治聯繫並在世界各國之間依照自然法則和上帝的意旨，接受獨立和平等的地位時，出於對

致富祕訣24

各行各業的領導人總是快速堅決地做成決定，這便是他們之所以能成為領導者的主要原因。

人類輿論的尊重，必須宣布他們不得不獨立的原因……。」

傑佛遜唸完後，所有人投票表決通過。五十六名代表冒著生命危險在文件上簽下自己的名字。這個眾志成城的決定催生了一個國家，為人類帶來自主決定的永恆權利。

我們深入分析促成《獨立宣言》問世的這些事件便會相信，美國誕生於一個五十六名代表組成的「智囊團」所做成的決定。請注意一項事實，正是他們的決定確保華盛頓的軍隊凱旋而歸，因為這個決定的精神長存於每一名追隨華盛頓出征的士兵心中，扮演著一股絕不輕言失敗的心靈力量。**從《獨立宣言》誕生的故事不難看出至少涵蓋本書的六個法則：熱烈渴望、下定決心、建立信心、保持毅力、活用智囊團的力量以及按部就班的計畫。**

擁有明確目標的人，就能獲得發展的空間

你可以從貫徹本書的思想中看到一個啟示，亦即強烈渴望所支撐的意念往往會轉化成對等的實體。本章《獨立宣言》的故事，連同前面章節美國鋼鐵公司草創的過程，都揭露一個重要的事實：意念如何發生驚人的轉變，化為實體的事物。

那些下決定明快、果斷的人清楚自己要的是什麼，通常也能如願以償。各行各業的

領導人總是快速堅決地做成決定，這便是他們之所以能成為領導者的主要原因。

猶豫不決的習慣通常始於童年時代，會從小學、中學一路延續到大專學校時期，最後就會因為缺乏明確目標而惶惶終日。**整個教育體系的重大缺陷就是在於，它們無法教授或鼓勵學生養成明快做決定的習慣**。

人之所以會養成猶豫不決的習慣正是因為我們的教育體系有所匱乏，導致學生往後選擇職業時無法當機立斷。一般而言，剛踏出校園的年輕人看到哪裡有職缺就往哪裡找，再加上優柔寡斷使然，他們往往會接下第一份找上門的工作。若說，眼前有一百個人為錢工作，其中就有九十八人安於現狀，因為他們缺乏明快的決策力去規劃未來的明確職位，同時也欠缺選擇雇主的必需知識。

明快決定需要勇氣，有時候是天大的勇氣。簽署《獨立宣言》的五十六名代表就是豁出去拿生命下決定的範例。終生庸庸碌碌的人根本不敢期盼、規劃並要求財務獨立、爭取財富，更遑論成就令人滿意的事業與專業地位。如果他們能仿效當年山繆．亞當斯為殖民地爭取自由的精神追求財富，最終必能富貴盈門。

做決定的勇氣，是鞭策你追求財富的最大助力。

成功人士思維 08

養成明快做決定的習慣 !

- 如果你容易聽信外人，就不會擁有自己的渴望。
- 真正的智慧是虛懷若谷、沉默是金。
- 決心的價值往往取決於實現的勇氣。
- 我們這個世界有一種傾向，總是樂於提供目標明確的人莫大發展空間。
- 整個教育體系的重大缺陷就是在於，它們無法教授或鼓勵學生養成明快做決定的習慣。

你就是「自身命運的主宰」
——美國著名導演史蒂芬．史匹柏（Steven Spielberg）

史蒂芬．史匹柏是電影史上最偉大的導演之一。十二歲那年，他就已經立志成為電影導演。史匹柏打入環球影業（Universal Studios）的過程堪稱電影史上的經典之舉。他參加環球影業導覽，當遊客坐在繞著影城跑的電車上，史蒂芬卻在中途溜下車，隱身在舞台下方，直到導覽行程結束。當天他離開時，還跟門口守衛聊了幾句話。

接下來三個月，他每天都上影城報到，走過警衛崗哨還對他們揮手致意。他總是一身西裝筆挺，有模有樣地拎著公事包，以至於警衛以為他是暑假實習生。他甚至找到一間空辦公室掛上自己的名牌，還在大樓通訊錄寫上自己的名字。他將結交當時影城的電視產品部門主管席德．辛伯格（Sid Sheinberg）當成頭號任務，向他推銷自己在大學時代拍攝的影片，對方火速簽下這個年輕人，納入影城團隊。

他的第一部劇情長片是一九七四年的《橫衝直撞大逃亡》（The Sugarland Express），不僅獲得影評正面評價，還拿下坎城影展最佳劇本獎。可惜票房不佳。

他的人生第一個高峰就在一年後，改編暢銷小說《大白鯊》（Jaws）。史匹柏想拍這部片想瘋了，雖然《橫衝直撞大逃亡》不賣座，卻未減損他絲毫自信，他發揮三寸不爛之舌，說服製作人撤換原先選定的導演，把片子交給他拍。

打從一開始拍攝，麻煩就接踵而至，技術與預算陸續出問題。不過，當一九七五年六月《大白鯊》上映時，打破當時史上最高票房紀錄，並贏得影評人佳評如潮。

接下來幾年，史匹柏陸續執導幾支大片，包括超高人氣的《印第安那瓊斯》（Indiana Jones）系列電影、《紫色姐妹花》（The Color Purple）、《太陽帝國》（Empire of the Sun）與《E.T. 外星人》（E.T.）、《侏羅紀公園》（Jurassic Park）。

史匹柏曾經如此分享他成功的祕訣：「要懷抱大志！而且中途千萬不要放棄。這樣才能培養你邁向成功的習慣。」

二〇〇六年，《首映》（Premiere）雜誌將史匹柏選為電影業中最有權力和影響力的人物之一。《時代》雜誌（TIME）也將其列入「時代百人：本世紀最重要的人物」。《生活》（LIFE）雜誌在二十世紀末也將其列入他當代最有影響力的人物。

史蒂芬．史匹柏的成功祕訣——

一旦下定決心，絕不放棄！

參考資料：《夢想成真的力量：全球成功人士實證，改變命運的超強公式》二志成／著（高寶）

第八章

成功白金法則08
保持毅力
——堅持不懈是喚醒信念的必要元素

這次計畫失敗了，
親友都勸我不要異想天開，
我還有養家的責任……
普通人
這次雖然失敗，
但我已找到計畫的疏漏，
我相信下一次一定能成功！
成功人士

意志力＋渴望，將讓人無往不利！

將渴望轉化成對等金錢實物過程中，毅力是不可或缺的要素。其基礎是意志力。

意志力若能適切地結合渴望，將成為天下無敵的黃金拍檔。一般人大都認為超級富豪很冷血，有時候甚至覺得無情，但這經常是錯誤認知。他們擁有的是意志力，並結合堅忍的特質，心中的渴望便以此為基礎展開實現目標的行動。

多數人一看到阻力或不利的跡象就會半途而廢，輕易放棄目標與目的，很少有人能做到就算天塌下來也不改其志，這一小部分人包括福特、卡內基、洛克菲勒與愛迪生。

「毅力」這個字眼或許不帶有英勇之意，不過毅力與人格之間的關係正有如碳之於鋼一般不可或缺。

想要致富的人必須把本書涵蓋的十三大法則全派上用場，融會貫通且持之以恆地身體力行，才能真正積累財富。

如果你閱讀本書的原因是企圖活用本書的知識獲得財富，第一道考驗毅力的功課就是根據第一章介紹的六大步驟照表操課。每一百個人會有一、兩個人早已立下具體目標，並擬定堅定明確的計畫，除非你也屬於這一群人中之龍，否則你的目光只會掃過這些指示，卻仍繼續埋頭於日常工作，根本不按部就班來。

失敗的主因是缺乏毅力。根據作者本人與成千上萬人打交道的經驗得知，虎頭蛇尾確實是多數人的通病。不過，勤能補拙，能否戰勝這項弱點，完全取決於個人的渴望到底有多強烈。

所有成就的起點都是**渴望**，這一點請謹記在心。微弱的渴望產出瘦小的果實，好比一把火炬只能點燃周遭熱度。如果你發現自己欠缺毅力，可以不斷替心中渴望的火焰添加柴薪，導正這項缺陷。

請繼續往下閱讀直至本書最後一頁，然後再回頭翻到第一章，開始執行六大步驟的指示。從照表操課期間所展現的熱切程度，就可以看得一清二楚你有多麼渴望致富。如果你發現自己不太關心致富之道，就代表你還沒培養出「致富意識」，而這正是你真正發達之前必須先具備的心態。

個人心中若已準備好「吸金」，財富就會自動上門，正如川流必定流向海洋。

如果你發現自己的毅力薄弱，請集中注意力在第九章〈活用智囊團的力量〉闡述的指示。先號召周遭人士集結一支「智囊團」，借助成員之間的協力合作培養持久不懈的毅力；你還可以在第三章〈自我暗示〉、第十一章〈開發潛意識〉發現更多培養毅力的指示。請遵循這幾章羅列的指示，直到你天生的本性將你所渴望的清晰願景輸入你的潛意識。從那一刻起，你將不再欠缺毅力。

潛意識將不斷運作，無論在你清醒或熟睡時。

累積財富的過程中，意志力至關重要

但你若只是偶爾想到才應用這些法則，對你根本毫無裨益。真想要獲得成果，就得把所有法則全部派上用場，直到內化成固定習慣為止。唯有如此，才能建立必要的「致富意識」。

抱持貧窮心態的人就會招來貧窮上身。同理，致富意識會招來財富。貧窮意識會主動找上缺乏致富意識的人，不必刻意養成甘於貧窮的習慣，也會出現貧窮意識。除非你天生具備致富意識，否則只能靠後天的訓練。

如果你瞭解前述段落的論述內容，你就會明白，在累積財富的過程中毅力至關重要。若少了堅毅的精神，你根本還沒起步就會先跌跤；但只要努力不懈，你終究會成為贏家。

如果你曾經歷噩夢，就會體認到堅毅精神的價值。你躺在床上，半夢半醒之間一直覺得似乎快要窒息了。你無法翻身，渾身動彈不得。你明白必須重新掌握自身肉體的控制權，於是一而再、再而三地運用意志力，終於設法讓其中一隻手的指頭開始活動。你加大活動力道，讓控制力足以使喚整隻臂膀，直到最後它終於能夠往上舉高。然後你如法炮製，讓另一隻手也動起來。再來，你能夠掌控其中一條腿的肌肉，接著是另一條腿。最後，你發揮全部的意志力奮力一搏，終於奪回全身肌肉系統完整的控制力，迅雷不及掩耳地「驅逐」噩夢。

致富祕訣25

將渴望轉化成對等的金錢實物過程中，毅力是不可或缺的要素。

你會發現，迅雷不及掩耳地「驅逐」心理惰性也會歷經相似的程序，先是慢慢移動，然後加快速度直到完全取回掌控意志的能力。一開始你可能會進行得很緩慢，請務必堅持到底。持之以恆，就能成功。

如果你審慎選擇過自己的「智囊團」，其中至少要有一位可以幫助你培養毅力。有些富可敵國的人會出於必要而這麼做，藉此培養出堅忍到底的習慣。因為環境所迫，他們必須養成不為所動的性格。

毅力無可取代！無法被其他特質取而代之！請牢記這一點，往後一旦計畫進展不順或緩慢，這一點或許可收振聾發聵之效。

凡是培養出堅毅習慣的人似乎都對失敗這件事「免疫」。不論他們跌跤多少次，最終都能順著成功之梯攀上顛峰。有時候，冥冥中似乎有一位看不見的導師，負責使出各種令人沮喪的情境考驗世人，那些跌跤後能重整旗鼓、繼續嘗試的人，全世界都將為他喝采：「幹得好！我就知道你辦得到！」不先通過這位隱形導師的毅力考驗，就無法嘗到成功的甜美滋味。

那些發揮堅忍精神「通過考驗」的人會因此得到慷慨的回報；無論他們追求的目

標是什麼，都能得到相當的回報。而且收穫絕不僅止於此！他們的收穫價值連城，遠超過單純的物質回饋，那是一種智慧：**每次失敗都會為你帶來等值的優勢。**

只有少數人能從經驗中學習到保持毅力是明智之舉。這些人僅將失敗視為一時失志，絕不低頭認輸；他們堅持不懈地將渴望付諸行動，直到最終將失敗一舉化為成功。冷眼觀察世人的話，就會見到無數人淪落失敗之境，從此一蹶不振；只有極少數人能將失敗的懲罰視為獲取更大成功的動力，這些人從不臣服於人生的逆境。

但我們都漏看了一件事，絕大多數人始終沒有察覺到，天地間有一股無聲但堅不可摧的力量，總在我們面臨挫敗、企圖奮起時出手馳援。如果我們非得為這股力量取個名號，不妨就稱它為「毅力」吧。我們都知道，如果一個人缺乏毅力，他就別想在任何行業取得眾所矚目的成就。

毅力可靠後天培養：培養毅力的八個要素

毅力是一種心態，因此可以靠後天培養。它就像其他心態一樣，必須奠基於明確穩固的基礎上，包括：

❶ **明確目標。**知道自己想要什麼，是培養毅力的第一步，或許也是最重要的一步。強烈動機會驅使你克服諸多困難。

❷**渴望**。當你在追求強烈的渴望目標時，比較容易培養、保持堅毅的精神。

❸**自立**。你若相信自己有能力實現計畫，就能自我激勵咬緊牙關循序漸進。（你可以往前回溯第三章〈自我暗示〉原則，培養自立自強的信心。）

❹**明確計畫**。井然有序的計畫即使不夠健全或不盡完善，卻可激發毅力。

❺**精確認知**。根據自身經驗或觀察，確實瞭解你的計畫健全可行，這樣才會讓你發揮毅力；若以「一己空想」取代「確實瞭解」，反而會折損毅力。

❻**合作**。贏得他人的認同、體諒，與人和諧合作，往往有助於培養毅力。

❼**意志力**。養成習慣將全副心神集中在某個明確的目標，據此訂立實現目標的具體計畫，也有助你產生毅力。

❽**習慣**。毅力是習慣的產物。我們的心靈會吸收日常所獲得的生活經驗，然後內化成經驗的一部分。在所有天敵中，恐懼是最可怕的敵人，如果我們強迫自己重複勇敢行為，就能有效制服恐懼。每一名親赴戰場的人都明白這一點。

毅力檢視清單：克服你的致富障礙

讀完本章所討論的毅力，在你翻開下一章之前，請稍停一下，進行一場自我分析。請鼓起勇氣逐一評點自我，看自己缺了這八大毅力要素的哪幾項。分析結果將促使你從另一個全新角度認識自我。

在此你將發現，橫亙在你與成功之間的敵人真實面貌；也會發現，諸多「表徵」不只反映出毅力的不足，更會幫助你找到誘發這種不足的深層潛意識根源。如果你真的想要知道自己是一個什麼樣的人、有什麼能耐，請詳盡審閱這張清單，並公平客觀地正視自己。所有想要發跡致富的人都必須克服這些弱點。

❶既無法釐清，也說不出自己想要的是什麼。
❷老是會有意無意地拖拖拉拉，通常還會端出許多藉口與理由掩飾。
❸對吸收專業知識興趣缺缺。
❹猶豫不決，無論遇到什麼狀況都喜歡「踢皮球」，而非公平客觀地正視問題，老愛抬出一堆藉口推諉。
❺習慣遇到問題就找藉口搪塞，而非擬定解決各種問題的明確計畫。
❻自我感覺良好。這種病沒藥醫，得到這種病的人毫無希望。
❼漠不關心。通常這種弱點會反映在每次遇到狀況就妥協，完全不想面對問題力爭到底。
❽總將自己的錯歸咎於別人，甘於淪落不利局面，認為逆境無法避免，只能接受。
❾渴望微弱，原因是沒能慎選激發你採取行動的動機。

⑩雖有意願，亦有熱情，但一遇到挫折就打退堂鼓。（六大基本恐懼中的一項。）
⑪缺乏完善有組織的計畫，不願將內容白紙黑字寫下來加以分析。
⑫當點子或機會躍然眼前，缺乏當機立斷採取行動或抓住機會的習慣。
⑬只會空想，不主動出擊。
⑭習慣向貧困低頭，缺乏獲取成就的雄心壯志。通常沒有想要成為大人物、也沒有成就大事業與開創大格局的野心。
⑮一心尋覓致富捷徑，老是想著不費吹灰之力便坐擁金山銀庫。通常這種人都有一種賭徒心態，或是成天只想著如何「一夜」致富。
⑯害怕遭人批評，因此不願制定計畫並付諸實行，以免落人口實。這是這份清單上最可怕的敵人，因為它通常只存在我們的潛意識思維中，不易辨識。（請參考第十四章〈智取六大恐懼惡魔〉所條列的六大基本恐懼。）

別讓他人的批評奪走你的夢想

——害怕批評的心態正是多數構想胎死腹中的根本原因

接下來看害怕批評的幾個症狀。多數人過度在意他人批評，因此任憑親朋好友與一般大眾影響他們，以致無法安心過日子。

例如，很多人選錯對象結婚，卻又一輩子堅守婚約，終其一生都過得悲慘、不快樂，細究原因正是他們害怕結束錯誤婚姻會飽受他人批評。（任何心存疑慮的人都知道，這種心態後患無窮，因為它會摧毀你的雄心壯志、自立能力，而且澆熄你對成功的渴望。）

成千上百萬人踏出校園後就不再考慮繼續接受教育，也是因為害怕別人批評。

無以計數的男女老少由於害怕周圍批評，讓親朋好友在他們頭上扣上一頂必須善盡責任的大帽子，因此毀掉他們的生活。**善盡責任並不意味著每個人都得從此放棄個人的雄心壯志，以及活出自己人生的權利。**

人們經營事業不敢冒險，因為他們害怕萬一失敗可能招致別人批評。在這種情形下，**人們害怕批評的程度遠超過渴望成功的程度。**

有太多人不肯為自己設定遠大目標，甚至疏於選擇職業，都是因為他們害怕「親友」可能會說：「不要設定這麼高不可攀的目標吧，別人會以為你發神經了。」

當安德魯·卡內基建議我花二十年編纂個人成功哲學觀時，我的第一個念頭就是，別人會怎麼說我呀。他所建議的目標，遠遠超過我自己設想的願望。我的理智開始編織一大堆藉口與託詞，這些全都源自害怕別人的批評。當下我心中有個聲音叫喊著：「你不能答應，這項任務實在太巨大，而且還要花費你這麼多時間。周遭的親朋好友會怎麼說？你又要怎麼賺錢謀生？從來就沒有人試圖編纂個人成功哲學觀，你憑什麼相信自己辦得到？畢竟，你又是個什麼角色，竟敢把目標定得那麼高？別忘了你出身卑微，你懂什麼哲學觀？別人肯定會以為你發神經了。（別人的確這樣看我）不然為什麼在你之前從來就沒有人做過？」

上述念頭連同許多疑問全都一擁而上，我不得不認真考慮。當時，就好像是全世界都在嘲笑我，存心要我放棄卡內基先生的提議。

當年那個關鍵時刻，我的確有可能在這份雄心壯志尚未完全掌控我之前就將它扼殺。隨著年歲漸長，分析過成千上萬名人士後我才發現，**多數想法原本是死氣沉沉的種子，它們需要你明確規劃、迅速行動，才能吸入生命的氣息。**灌溉一個想法的大好時機就是它誕生的時候，隨著每一分鐘過去，它存活的可能性就會大一分。害怕批評的心態正是多數構想胎死腹中的根本原因，導致這些構想無緣進入籌劃、付諸行動的階段。

發揮毅力訂立明確目標與計畫，任何人都可以「轉運」

很多人相信，致富是「轉運」的結果。這個想法不無道理，但是只仰賴運氣的人注定希望落空。因為這些人忽略了另一個成功的必備條件：「轉運」可以自己訂作。

致富祕訣 26

別讓他人的批評澆熄你對成功的渴望。

喜劇泰斗費羅茲（W.C.Fields）在大蕭條年代失去了所有財產。沒有收入、失業、且已年過六十的他渴望復出，甚至提議在電影中免費演出，結果他的財務問題非但沒有獲得解決，還摔傷了脖子。在多數人都會放棄的狀況下，他卻繼續堅持下去。因為他堅信再撐下去，自己遲早會「轉運」。

唯有親自打造「轉運」的機會，才能夠確保你一定能夠「轉運」。這必須要你發揮毅力。而發揮毅力的原點，就是訂立明確的目標。

從現在起，你逢人就問對方畢生最渴求的事物為何，問滿一百人為止，其中大約有九十八個人回答不出來。如果你硬著頭皮要對方給答案，有些人會說安定的生活，多數人會想要金錢，另一些人則回答幸福快樂，其他的人大概會想要名聲與權力，還有一些人會告訴你社會認同、生活愜意、唱歌跳舞或寫作等各種才藝，偏偏就是沒有人可以清楚定義這些答案，或是提供稍具雛形的計畫以便達成心中模糊不清的願望。

光是在心中大聲呼求，財神爺不會登門，因為祂只會回應那些心中擁有明確渴望，據此擬定明確計畫，並從一而終付諸行動的人。

培養毅力的四大步驟：按照這四步驟，你將擁有掌控命運的特權

培養毅力有四大簡單步驟，不需要過人的智力，也不用特殊教育，更不用花費什麼

時間或精力。這四大必需步驟是：

步驟1 **一個熱烈的渴望衍生出一個明確且具體可行的目標。**

步驟2 **制定一套完整的計畫並開始付諸行動。**

步驟3 **內心完全排除一切負面、令人沮喪無力的影響，包括親友的負面建議。**

步驟4 **與一個或多個鼓勵你落實計畫、達成目標的人士結成同盟。**

若想在各行各業脫穎而出，這四大步驟有其必要。本書涵蓋了成功致富的十三條法則，便是期望你由此培養這四大步驟成為自己的習慣。

它們是你可以用來掌控自己經濟命運的步驟。

它們是可以使你邁向思想自由與獨立的步驟。

它們是可以引領你聚積大大小小財富的步驟。

它們是可以為你帶來權力、名聲與社會讚揚的步驟。

它們是可以為你帶來良好「機遇」的步驟。

它們是可以為你將夢想轉化成現實的步驟。
它們是可以帶領你克服恐懼、沮喪和淡漠的步驟。

凡是能夠善用這四大步驟的人都會獲得巨大報酬。它讓你擁有決定自己命運的特權，也讓你的畢生付出得到對等的回報。

到底是什麼樣的神祕力量能讓有毅力的人具備克服困難的能耐？難道說毅力能在心中引發某種精神、心理或化學活動，以至於你可以接收超自然的力量？還是說無窮智慧情有獨鍾那些無論全世界如何唱反調，卻能屢仆屢起、打死不退的人？

亨利．福特白手起家，創業時除了一股堅持到底的精神幾乎一無所有，但是他卻打造出一個規模宏偉的工業帝國。我在觀察像他這樣的成功人士時，這類問題接二連三地浮現在腦海中。或者說湯瑪士．愛迪生好了，他接受學校教育時間不超過三個月，卻能成為全世界最偉大的發明家，把他的毅力化為留聲機、電影機以及白熾燈泡，更別提其他五十多種極有用處的發明成果了。

我獲此殊榮可以長年且近距離地分析、研究愛迪生與福特，因此我得以言之有據地說，我在他們兩人身上看到了不屈不撓的毅力，這一點遠勝過其他與傑出成就相關的特質與優點。

一個人只要能公正無私地研究成功人士，必然會歸納出相同的結論：毅力、專注力與明確目標就是他們功成名就的頭號方程式。

毅力、專注力與明確目標＝功成名就的頭號方程式。

成功人士思維 09

培養不被挫折打倒的意志力!

- 意志力若能適切地結合渴望，將成為天下無敵的黃金拍檔。
- 抱持貧窮心態的人就會招來貧窮上身。同理，致富意識會招來財富。
- 善盡責任並不意味著每個人都得從此放棄個人的雄心壯志，以及活出自己人生的權利。
- 光是在心中大聲呼求，財神爺不會登門，因為祂只會回應那些心中擁有明確渴望，據此擬定明確計畫，並從一而終付諸行動的人。

勇者無懼的毅力典範

——Facebook 營運長雪柔．桑德伯格（Sheryl Sandberg）

雪柔．桑德伯格一九六九年生於華盛頓特區，現任 Facebook 營運長和第一位女性董事會成員。

哈佛商學院畢業後，桑德佛格進入麥肯錫公司，之後曾任職於柯林頓政府時期的財政部。她於二〇〇一年擔任 Google 副總裁，負責全球線上銷售和運營。

二〇〇七年底，桑德柏格在一場聖誕派對上遇到了 Facebook 的共同創始人和執行長馬克．祖克柏（Mark Elliot Zuckerberg），那時她正在考慮去華盛頓郵報公司擔任高階管理人員。隔年三月，Facebook 宣布聘請她擔任營運長。

在職場上表現活躍，隨著職位扶搖直上，桑德柏格發現在清一色的男性高層中，自己經常是在場的唯一女性高層，職場男女不平等的狀況相當嚴重，即使自己已經在職場二十多年卻仍未獲改善。

桑德柏格挺身而出，透過公開的媒體鼓勵女性勇於朝自己的夢想前進，不要被傳統的觀念束縛。二〇一〇年她發表了一場知名的 TED 演講「為何女性領袖這麼少？」（Why we have too few women leaders？）這場精彩的演講掀起一股風潮，短短三年內點閱率累積三百三十萬次，她鼓勵女性們「往桌前坐」積極追求職場的表現與自我的成就。

二〇一一年她入選《富比士》「世界百名權威女性」，排名第五。二〇一二年入選《時代》當年的時代百大人物。桑德柏格在當年的哈佛大學畢業典禮演講上說過：「勝利女神會庇佑勇敢的人，千萬不要害怕挑戰！」

桑德柏格的著作《挺身而進》（Lean In: Women, Work, and the Will to Lead）引爆全球熱議，她所傳達的「放膽．突破．挺身而進」的精神，鼓舞更多女性打破限制，勇於追求自己的成就。

Facebook營運長雪柔．桑德柏格的成功祕訣——

「放膽、突破、挺身而進！」

參考資料：《挺身而進》雪柔．桑德伯格／著（天下雜誌）

第九章

成功白金法則09
活用智囊團的力量
——追逐夢想的動力

追逐夢想的路上有這麼多阻礙，
我不知自己能堅持到
什麼時候……
普通人
我有一群
共同實現夢想的夥伴！
他們是讓我安心
追逐夢想的動力。
成功人士

找到夥伴，為你的致富計畫挹注動力

動力對於成功致富至關重要。

若是缺乏足夠動力將計畫轉化成實際行動，計畫本身起不了作用、毫無益處。本章將介紹個人或許可以獲取、善用力量的方法。

動力可定義成「井然有序、妥善運用的知識」。此處所描述的動力指的是有組織的努力嘗試，足以幫助個人將渴望轉化成對等的金錢實物。當兩個人融洽合作，一心為達成明確的目標而前進，就可以稱之為有組織的努力。

致富需要動力！而獲得財富以後，守住財富也需要動力！

讓我們先確認獲取動力的方法。如果動力是指「井然有序的知識」，那就讓我們詳加檢視知識來源：

❶**無窮智慧**。你可以在具有創造性的想像力幫助下，應用第五章描述的步驟，找到這一種知識來源。

❷**致富的經驗**。人類累積的經驗，也就是經過整理、詳細記錄的那部分經驗，可以在任何館藏完備的圖書館找到。學校與大專院校都已經將一部分重要經驗分類、整理，然後在課堂上傳授給學生。

❸**實驗與研究**。事實上，無論是在科學領域或各行各業裡，人們都時時蒐集、分類並整理日常的新知。當我們透過「累積經驗」也無法獲取知識時，就會求助這一管道；而且，我們在這種情況下常常也必須發揮具有創造性的想像力。

上述任何一種來源都可以讓我們獲取知識。隨後我們將知識組織成幾套明確計畫，並付諸行動加以實現，就可以將知識轉化成力量了。

進一步檢視獲取知識的三大主要來源，結果不言而喻，若是有人單單僅憑一己之力彙整知識、擬定明確行動計畫，然後付諸行動，其間過程將困難重重。如果計畫本身周全完整，加上執行者的目標遠大，就必須說服他人一起協同合作，才可能為計畫挹注不可或缺的動力。

成功人士的共通點：活用「智囊團」的力量

智囊團可以定義成：「至少兩個以上的人本著和諧共事的精神，共同為實現一個明確的目的整合知識和精力。」

任何人缺乏智囊團從旁提供對策，都難以獲得強大的力量。我在第六章已經詳述如何擬定計畫將渴望轉化成相對應的金錢，如果你憑藉毅力與智慧貫徹所有指示，並審慎挑選智囊團成員，你就已經成功了一半。

因此，如果你能精挑細選智囊團的成員，就可以更通盤理解這一股伸手可及的「無形」潛在力量，在此我們將詳加解釋智囊團原則的經濟本質與精神本質。經濟上的特點顯而易見。任何人周遭只要有一群樂意群策群力、相濡以沫的志同道合之士，願意主動獻計、諮詢並合作，所能創造的經濟利益自是不在話下。這種互助合作的聯盟型態幾乎是任何累積巨額財富的前提和基礎。你的經濟地位能爬到多高，取決於你理解這個偉大真理的程度有多深。（請運用隨書贈「思考致富實踐手冊」P22－P23寫下你的智囊團成員。）

至於智囊團原則的精神層面相對抽象得多，因此也比較難以理解，因為它指的是一股人類知之甚少的精神力量。你或許可以從這句話得到重要的啟示：「三個臭皮匠勝過一個諸葛亮。」

人類的心智是一種能量形式，其中有一部分屬於精神本質。當兩個人的心智水乳交融、合作無間，雙方的精神能量就會聚合為一，進而構成智囊團的「精神」層面。

我第一次注意到智囊團原則是因為安德魯．卡內基，當時我先認識了經濟特質。正是因為我發現這項原則，因此決定將研究成功人士當作畢生的志業。

卡內基先生的智囊團涵蓋五十多名員工，他們群策群力，全都朝著生產並販售鋼鐵的明確目標前進。他將自己富甲一方的成就歸功智囊團的集體力量。

你若分析所有累積巨額及中等財富的人就會發現，他們都在有意或無意之間活用智囊團原則。**沒有其他原則可以像它一樣獲取如此強大的力量！**

團結力量大，三個臭皮匠勝過一個諸葛亮

一組電池可以比單顆電池提供更多電能。一個電池組所提供的電力則與它內含的電力元件數量、供電能力成正比。

我們的大腦運作方式與電池原理相近，由於有些人的頭腦就是比別人靈光，我們也因此可以歸納出一個重要論點，亦即，一群臭皮匠只要能秉持和諧精神互相結合或聯繫，就能比一個諸葛亮提供更強大的思想能量。正有如一組電池可以比單顆電池提供更多電能。

從這個比喻，我們馬上就能一眼看穿智囊團原則的力量有何奧祕，唯有善於運用旁人智慧的人才得以使喚這股力量。

接下來的重點，進一步引領我們理解智囊團原則的精神層面：當三個臭皮匠相處甚歡、齊心協力時，能量便隨著互通有無與日俱增，而且每一名成員都能受惠。

亨利．福特是在身無分文、大字不識幾個，而且懵懂無知的窘境中展開職業生涯，但不可思議的是，他竟然能在短短十年間戰勝這三大後天障礙，更在二十五年內就躋身

致富祕訣27

任何人周遭只要有一群樂意群策群力、相濡以沫的志同道合之士，這種互助合作的聯盟型態幾乎是任何累積巨額財富的前提和基礎。

全美國超級富豪之列。

與這項事實相關的另一件事就是，打從福特先生與湯瑪士．A．愛迪生結為知己，事業便開始一飛沖天。你將這兩件事結合起來就會開始明白，一個人的心智可能對另一個人產生莫大影響。再進一步思考另一項事實，福特先生最卓越出色的成就始於他結識美國橡膠大王哈維．汎世通（Harvey Firestone）、鳥類學家約翰．巴勒斯（John Burroughs）及植物學家路得．伯班克（Luther Burbank）時期，這些人各個聰明睿智，你也會進一步明白，眾志成城產生的力量無與倫比。

當我們與志同道合、意氣相投的友伴往來，逐漸培育出心有靈犀的共鳴，就會耳濡目染他們的性情、習慣與思想力。福特先生與愛迪生、伯班克、巴勒斯及汎世通交好，因此他們四人的智力、經驗、學識和精神力量總和全都挹注到他腦中，平添寶貴智慧；尤有甚者，他活用智囊團的法則正與本書所提手法如出一轍。

你也可以利用智囊團原則！

我們曾講述聖雄甘地的故事。

且讓我們研究一下他獲此驚人力量之道，或許下述這句話就能一語中的：他成功召喚兩億人口本著四海一家的精神，齊心協力為一個明確目標奮勇向前。

簡言之，甘地創造出一項奇蹟，之所以稱為奇蹟正是因為這兩億人心甘情願而非身不由己，他們同意無限期地本著四海一家的精神齊心協力。如果你還懷疑這哪稱得上奇蹟，不妨試試看，自己是否有能耐誘導兩個人合作無間一段時間。

每一位身為管理者的人都知道，即使想要讓員工稍微合作一下也不是件簡單的事。

你已經知道，**在獲取力量的主要管道清單中，名列前茅的項目是無窮智慧。當至少兩個人齊心協力為了一個明確的目標奮勇向前，他們就能因為融洽合作的關係，直接從無窮智慧的浩瀚宇宙汲取力量。**這是一切力量生生不息的源頭，也是天下英才仰仗的源泉，更是英明領袖倚靠的基石（無論他們是否曾意識到這一點）。

其他尚有兩個管道蘊含獲取力量不可或缺的知識，但它們的可靠程度就和我們的五大感官相去不遠，大抵是時有誤差，唯獨無窮智慧從不犯錯。

在往後章節裡，我將適時介紹最不費力就能接觸無窮智慧的方法。

本書無意探討宗教，因此，書中所述基本原則完全不曾刻意地直接或間接影響任何人的宗教信仰。本書只鎖定單一目標，亦即為讀者指引明燈，將明確的致富目的轉化成對等的金錢實物。

在你閱讀時請務必細加推敲、琢磨，須臾之間整個主旨就會一覽無遺，屆時你也就能正確看待它。此刻，你還只是看到單一章節的具體內容。

正面積極的情感將引領人通往致富大道

金錢來無影、去無蹤，你得鍥而不捨地追求才可能手到擒來，個中手法就與死心塌地的求愛者如出一轍。此外，尚有一點不謀而合，那就是，「追求」財富所使出的力量也和追求戀人大同小異。倘若想要將這股力量成功用於追求金錢，就必須讓它與信念、渴望及毅力相合為一，而且，你還必須擬定計畫、付諸實行。

金錢突然滾滾而來時我們會說是「財源廣進」，就好比水往低處流一樣滔滔不絕地一擁而上。世界上常存一股隱而不見的強大力量洪流，雖然就像河川一樣，卻有兩道流向，一道是乘載著逆流前進、力爭上游的鬥士，帶著他們往致富的那一端走；另一道則流向反方向，載著載浮載沉的輸家，他們置身滔滔洪流中無能逃脫，一生只在悲慘和貧窮中打轉。

每一位累積鉅富的人士都知道這股生命洪流的存在，它是個人的思考過程型塑而成。**正面積極的思想情感會集氣引領他通往致富的康莊大道；反之，負面消極的思想情感則會讓人落入貧窮的迴圈。**

對那些心懷致富目標的讀者來說，這是一個至關重要的觀點。

如果你置身貧窮的滔滔洪流中，這股力量或許可以達到船槳的作用，讓你使力划槳駛向洪流的另一端。重要的是，唯獨你實際付諸應用，它才能為你效力。倘若你只是隨意瀏覽，無心思量判斷，無論你置身力量洪流的哪一邊，終究無法借力使力。

貧窮和富足經常易位。通常，貧窮可能會自動取代富足，但若是富足取代貧窮時，往往只發生在縝密周全實現計畫的情況下，這種變換才能實現。安於貧窮無需計畫，更完全不需要任何人出手相助，因為貧窮本身就放肆無禮、殘忍無情；反之，富足低調而內斂，非得使出渾身解數才「吸引」得來。

任何人都能奢望致富，而且多數人也做如是想，但唯有極少數人明白，一套明確計畫外加一股熾烈致富渴望，才是唯一可靠的手段。

眾志成城產生的力量無與倫比。

成功人士思維 10

找到一起實現夢想的夥伴!

- 致富需要動力!而獲得財富以後,守住財富也需要動力!
- 當我們與志同道合、意氣相投的友伴往來,逐漸培育出心有靈犀的共鳴,就會耳濡目染他們的性情、習慣與思想力。
- 當至少兩人齊心協力為了一個明確的目標奮勇向前,他們就能因為融洽合作的關係,直接從無窮智慧的浩瀚宇宙汲取力量。
- 正面積極的思想情感會集氣引領人通往致富的康莊大道;反之,負面消極的思想情感則會讓人落入貧窮的迴圈。

打造專屬的智囊團

——美國《VOGUE》總編安娜．溫圖（Anna Wintour）

美國《VOGUE》雜誌總編溫圖．溫圖是時尚界的傳奇人物，又被稱為「時尚教母」。

溫圖在十幾歲時就展現她對時尚的興趣，父親查爾斯．溫圖（Charles Vere Wintour）是英國《標準晚報》（Evening Standard）的總編，他很早就看出溫圖的興趣和才華，並鼓勵女兒追求目標，在他的引薦下，溫圖從小就做過許多跟時尚相關的工作。她的目標非常明確，為了比別人更快踏入時尚界，高中一畢業就到時尚雜誌《Harpers & Queen》擔任編輯助理。四年後，在社內不得志的溫圖離開倫敦前往紐約發展。

溫圖先後在紐約多家時尚雜誌工作，要求完美的個性讓她經常與主管和同事對立衝突，而且溫圖總是不諱言自己的終極目標是在《VOGUE》成為總編，因此她在紐約時尚界的發展起初並不順利，幾乎每家時尚雜誌出版社都待不到一年。但是溫圖的工作表現著實亮眼，她善於發掘厲害人才，即使預算不高也能靠著自己豐富的人脈，請來厲害的攝影師與工作人員，因此她的作品都有極高水準的表現。溫圖的努力終於被《VOGUE》高層注意到，不但高薪挖角，還給了她從未有過的「創意總監」（Creative Director）職銜。

《VOGUE》雜誌一經溫圖的手，變得更加精采。一九八五年，巴黎創辦的《ELLE》雜誌進軍美國並大受歡迎。備受威脅的美國《VOGUE》決定讓當時的英國《VOGUE》總編溫圖擔任美國版總編。

溫圖以她銳利的時尚眼光和嚴格的行事手段進行大刀闊斧的改革，並大膽起用馬克．賈伯（Marc Jacobs）、王薇薇（Vira Wang）、湯姆．福特（Tom Ford）等新銳設計師，讓之前一直被忽略的美國時尚界受到全世界的矚目。雖然她獨斷、嚴厲的作風讓她被稱作「核武器溫圖」（Nuclear Wintour），溫圖確實是讓美國時尚成為世界核心的人物。

溫圖曾說過工作的關鍵要素是「人」。不追求粉飾太平的鄉愿，貫徹信念追求完美，發掘符合更高水準、足以信任的人材，只為讓工作有最完美的呈現，不斷追求「卓越」正是溫圖．溫圖所向披靡的原因。

美國《VOGUE》總編安娜．溫圖的成功祕訣——

與優秀的人才一起追求卓越。

參考資料：《時尚經典的誕生：18位名人，18則傳奇，18個影響全球的時尚指標》姜旻枝／著（大田）
電影《時尚惡魔的聖經》（The September Issue）R.J. 卡特勒（R.J. Cutler）／導演

第十章

成功白金法則10
理解性欲轉換的奧祕
——將激情轉化為創造力

我跟老婆老是吵架，
唉……我真不懂，
我幹嘛娶個老婆
給自己添亂……
普通人
我的妻子是我
成功最大的動力！
她是助我走上致富之路
最大的推手。
成功人士

性欲轉換的創造力量

「轉換」一詞的涵義，白話說就是「一種元素或某種能量形態改變或轉換成另一種元素或能量形態」。性欲這種情感也會轉換成一種心態。

由於人們對這個主題懵懂無知，於是經常將這種心態聯想成肉體感官；由於人們獲取性知識時受到不當影響，因此總會片面認定，性欲這種情感純粹僅是肉體感官。

性欲這種情感內蘊三股富有建設性的潛在力量：

❶人類繁衍後代。
❷可視為一種無可比擬的治療手段，讓人們常保健康。
❸性欲轉換可以將庸才變成天才。

性欲轉換其實很好解釋，它意味著，人類的心態從生理需求意念轉變成其他形態的意念。**性欲是人類最強烈的渴望。當我們受到性欲驅使，想像力、勇氣、意志力、毅力和平時不曾展現的創造力全都增強了。**性接觸的渴望有時候會無比強烈、有力，甚至催逼人們掙脫道德枷鎖，不惜賠上性命與名譽但求縱情享受。**一旦我們能夠駕馭並重新導引這股動力積極應用在其他方面，它就能化為一股無窮的創造力，在文學、藝術或其他專業領域大放異彩，致富當然也不例外。**

轉換性欲能量確實得仰賴意志力，不過這種磨練值回票價。性欲表達的渴望與生俱來、再自然不過，因此不能也不該被壓抑或消除。可是我們應當提供這種渴望一個出口，透過有益身、心、靈的方式紓發緩解，否則，它就會自己找到純生理的管道宣洩。

我們可以築堤修壩以控制河水，但成效為時不長，終有一天它會破堤傾洩。性欲這種情感也是同樣道理。我們或許可以壓抑或控制一段時間，但它的本質必然會驅策它找到宣洩的管道和方式。如果我們不將它轉換成某種富有創造性的活動，它還是會自己找到一條低價值的出路。

成功人士都嫻熟性欲轉換的藝術

確實，有些幸運兒已經為性欲這種情感找到某種富有創造性的活動，讓它得以宣洩。他們藉由這個發現將自己的高度提升到接近天才的程度。

科學家曾針對功成名就的男士做過背景研究，他們披露下述重要事實：

致富祕訣28

性欲是人類最強烈的渴望。一旦我們能夠導引這股動力積極應用在其他方面，它就能化為一股無窮的創造力，致富當然也不例外。

❶成就最卓越的男士都擁有極強烈的性欲，同時也嫻熟掌握性欲轉換的藝術。

❷累積巨額財富，還有那些在文學、藝術、工業、建築等行業廣獲讚譽的人士，背後都有一雙女性的推手。

上述的驚人發現是根據專家大量研究兩千多年來的名人傳記與史料歸納而成的結論。目前來看，**與成功人士生平相關的可考證據全都無庸置疑地表明，這些人都擁有極強烈的性欲。**

性欲這種情感實屬「銳不可當的力量」，它所向披靡。當人們受到這種情感驅使，就有如獲贈一股超強的行動力量，你若能理解這一點就能領悟，性欲轉換能將一個人的高度提升到接近天才程度的個中真意。性欲這種情感蘊含了創造力的奧祕。

無論人類或野獸，一旦性腺遭破壞便等同於斷絕一大動力來源。我們可以觀察動物去勢後的種種反應獲得證明。公牛一旦失去性器就會溫馴得有如母牛。無論人類或野獸，閹割都會滅了雄性威風、鬥志全消。同理，雌性閹割也會有同樣現象。

十大心靈刺激來源——性欲是最強的心靈刺激

人類的心靈會回應刺激，心靈的振動頻率會因為刺激而「提升」，也就是所謂的激情、創新式想像力、強烈渴望等。最能引起心靈反應的刺激源如下所述：

❶性欲的渴望。

❷愛。

❸一股對名聲、權力、經濟收益及金錢的熾烈渴望。

❹音樂。

❺同性或異性友誼。

❻兩人以上和諧與共，同為實現心靈成長或世俗成就組成「智囊團」。

❼切身的遭遇，諸如受虐經歷。

❽自我暗示。

❾恐懼。

❿毒品和酒精。

性欲的渴望高居榜首，因為它是最能有效「增強」心靈的振動頻率，並進一步啟動實際行動的「車輪」。十大刺激源中，八種屬於自然、具有建設性，而其餘兩種則帶有破壞性。

這張清單旨在促使你比較、研究心靈的主要刺激源，從研究結果不難看出，**性欲這種情感無疑是所有心靈刺激源中最強烈有力的佼佼者。**

這種比較有其必要，因為它是一個基礎，足以印證以下觀點：性欲轉換能將一個人的高度提升到接近天才的程度。現在讓我們看看天才如何養成。

有關天才，這一道定義頗貼切：天才已經察覺如何提升自己的思想頻率，到達一個能與知識源自由交流的高度。這些知識源無法藉由普通的思想頻率相互交流。

這時，擅長思考的人可能會想針對天才的定義提出問題，第一個問題是：「對於那些無法藉由普通思想頻率相互交流的知識源，一個人該如何展開交流呢？」第二個問題是：「真的有所謂眾所周知的知識源，但只有天才才能得到嗎？若此，這些知識源是什麼？我們要怎麼做才能得到它們？」關於這些問題，你可以在後文找到答案。

「天才」是第六感的產物

「第六感」確有其事，這一點眾所皆知，它可說是「創新式想像力」。多數人一輩子不曾發揮創新式想像力，就算使上了，通常也只是誤打誤撞的結果；僅有少數人會在經過深思熟慮、確定目的後才使用創新式想像力。所謂的天才，就是可以隨心所欲、心領神會這種能力。

富有創造性的想像力可以直接連結人類的有限思維與無窮智慧，所有宗教領域所指稱的天啟、發明家發掘的基本原理或新定律，都是創新式想像力充分發揮的成果。

當想法或概念經由所謂「預感」閃現在我們心頭，它們多半是源自以下管道：

❶ **無窮智慧**。

❷ **潛意識**。這裡存放每一種經由五感進入大腦的感覺印象和思想脈動。

❸ **別人的心智**。別人明確思考後表達出想法，勾勒出想法或概念的樣貌。

❹ **別人的潛意識寶庫**。

除了上述管道，別無其他「靈感」或「預感」來源。

前述十個刺激源裡，只要其中一個對大腦產生刺激作用，就可以將我們推升到遠遠超過普通想法水準的境界，思考不會困在低層次的思維中，諸如忙著解決例行公事或專業領域的問題，而將帶給你前所未見的遠見與深度思考。

當我們的心智受到某種形式刺激因而提升到更高境界時，就有如登上飛機，處於一個相對居高臨下的位置。儘管我們依舊踩在地上，卻能超脫肉眼限制望穿地平線，看到更高、更遠的景象；尤有甚者，當我們站上更高的思維層次時，各種外界刺激便不再有阻礙或牽制力量，即使每天仍必須為了吃得飽、穿得暖、住得安穩三大基本需求忙忙碌碌，目光卻不再淺短狹隘。當我們置身這等境界，平淡無奇、日復一日的思維習慣就煙消雲散，就好比飛機升空時，高丘、低谷與其他實體障礙也將不再遮住雙眼一般。

一旦我們在思維昇華後站上制高點，心智所蘊含的創造力就得到自由揮灑的空間，第六感暢行無阻，以前限於種種情況無法進入我們大腦的點子也將因此一擁而上。「第六感」就是區別天才與庸才的分野。

天才能以敏銳的想像力接收閃現心頭的「第六感」

這種能力越被頻繁運用，創造力就越容易感知、接受源於個體潛意識之外的頻率，而且我們也會越依賴這種能力，更常要求它為我們提供思想動念。唯有實際運用這種能力，它才得以培育並發展。偉大的藝術家、作家、音樂家和詩人之所以不朽，正是因為他們習慣於傾聽內心深處創新式想像力傳達「極其微弱的聲音」。眾所周知，想像力「敏銳」的人產生的最出色點子經常源於所謂的「預感」。

有一位演說家從不曾站上職涯顛峰，直到有一天閉上雙眼，將一切交給創新式想像力領航，從此他一路躋身偉大之列。有一天被問起為何每次在演講達到高峰時就會閉上雙眼，他回答：「因為到了那一刻，我是聽從內心深處發出的聲音對聽眾演說。」

美國有一位最成功、最知名的金融家也遵循這項習慣，他會先閉目沉吟兩、三分鐘，然後才做成決策。有一天他被問起何以如此，他的說法是：「我唯有閉上眼睛才能汲取至高無上的智慧。」

馬里蘭州切維切斯（Chevy Chase）郡的艾爾莫・R・蓋茲博士（Dr. Elmer R. Gates）發

明了兩百多種實用專利，其中許多項都是經由培養、運用創造能力而實現。對任何想要獲得天才地位的人來說，躋身天才之列的蓋茲博士所使用的方法相當重要。蓋茲博士堪稱不折不扣的偉大科學家，只是名氣較不顯。

他在實驗室裡設立一間自稱為「私人交流室」的小房間。它安裝隔音效果，而且用心將室內布置得不透一絲光線。其間擺設一張小桌，上頭總是置放一疊紙張。小桌前方牆面上是一個控制光線的電力開關，每當蓋茲博士想要透過創新式想像力召喚神奇力量時，就會逕自走進房中，關掉電燈，然後聚精會神地思考所有與他當下努力發明之物的相關已知元素。他會一直保持靜止狀態，直到某個與未知元素相關的想法開始「閃現」心頭為止。

有一次，點子倏地一擁而上，他幾乎花了三個小時才完整記錄下來。當他不再文思泉湧，回頭檢查筆記，發現其中內蘊某些詳盡描述原理的細節。在當時的科學界，根本找不到任何資料能與這些內容相提並論；尤有甚者，紙上紀錄還巧妙解答他百思不解的問題。蓋茲博士就靠著「坐等點子上門」張羅自己和公司的生意。美國有些規模最大的企業願意付天價時薪請他「坐等點子上門」。

理性邏輯經常漏洞百出，正是因為它大多被我們自身所累積的經驗所引導，但我們所累積的「經驗」並不總是精確無誤。經由創造性能力所接收的想法反而可靠得多，因為它們的源頭比理性邏輯能力更加穩當。

整合式想像力＋創新式想像力＝改變世界的偉大發明

天才和平庸的「搞怪」發明家主要差異在於以下事實：天才仰賴創新式想像力完成工作，但「搞怪」庸才卻對這種能力一無所知。愛迪生和蓋茲博士這些具有科學精神的發明家既善用整合式想像力，又懂得運用創新式想像力。

舉例來說，具有科學精神的發明家或「天才」著手一項發明時，會先以綜合推理能力組織、結合某些之前經由經驗累積、歸納而成的已知點子或原則，如果他們發現這些累積的知識尚不足以實現發明，便會借助創造能力汲取其他可用的知識源。這種手法的運用型態因人而異，但要點與內涵大致如下：

他們至少會運用十大主要刺激源中一種或其他自選的刺激源，強力刺激他們的心智，好讓心智採取一種遠高於正常、普通的想法產生的頻率震動。

他們全神貫注在發明的已知元素（即已完成部分），然後在自已心中創造一幅完美畫面，描繪發明的未知要素（即未完成部分）。他們會在心中牢牢記住這幅畫面，直到潛意識接手為止。然後他們會放鬆下來，掃除心上一切想法，靜候答案浮現。

有時候，結果來得明確又快速，但有時候卻毫無動靜，全取決於「第六感」或者創造能力的發展狀態。

愛迪生先生曾經想要運用整合性能力結合不同想法，卻在嘗試超過一萬次後才得以「接軌」創新式想像力，並找到改進白熾燈泡性能的最佳方案。他在製造留聲機時也再度經歷了類似的體驗。

大量可靠的證據顯示，創新式想像力確實存在，只要縝密分析各界未曾接受高等教育的領導者就知道。林肯正是一位卓然出眾的領導者，他是在發現、運用創新式想像力才得以成就偉大志業。不過，他發掘並開始運用這項能力全是出於愛情的激勵，傾心的對象是安·拉特利奇（Anne Rutledge）。

在歷史長河中，處處可見偉大領導者的生平事蹟，而且他們的成就往往可以直接追溯至女性直接影響，他們的性欲激發了創造性才華，拿破崙·波拿巴（Napoleon Bonaparte）就是一例。他深受第一任妻子約瑟芬（Josephine）激勵，所向披靡、戰無不勝；但是，當他的理智判斷力促使他冷落約瑟芬時，戰績便開始走下坡。不久後他就一敗塗地，終至流放聖赫勒拿島（St. Helena）。

若非有流於八卦之嫌，我們或許可以信手拈來幾十位耳熟能詳的名人當作範例，他們原本都是在賢內助的激勵和感召下攀上成就顛峰，只不過，他們一嘗到金錢和權力的滋味之後，就一腳踢開糟糠之妻，另結新歡，從此踏上自我毀滅之途。拿破崙不是唯一從切身之痛發現，正確對象的性影響遠高過任何其他僅圖一時快感的替代品。

人類的大腦會回應外界刺激！在所有刺激中，最深切、最強大的來源是性欲。倘若我們能善加運用、轉換這股驅動力量，就能自我提升到更高的思維層次，也就能妥善控制諸多細小瑣碎的干擾和煩惱。

為了加深各位的印象，我們再舉出一些成就斐然的偉人，他們的才華的動力來源，全都源自性欲轉化的力量。

法蘭西第一共和國第一執政拿破崙・波拿巴（Napoleon Bonaparte）
英國劇作家、詩人威廉・莎士比亞（William Shakespeare）
美國第一任總統喬治・華盛頓（George Washington）
美國第三任總統湯瑪士・傑佛遜（Thomas Jefferson）
美國第七任總統安德魯・傑克森（Andrew Jackson）
美國第十六任總統亞伯拉罕・林肯（Abraham Lincoln）
美國第二十八任總統伍德羅・威爾遜（Woodrow Wilson）
美國思想家、文學家雷夫・華爾多・愛默生（Ralph Waldo Emerson）
著名蘇格蘭詩人羅伯特・勃肯斯（Robert Burns）
現代銷售之父約翰・派特森（John H. Patterson）
義大利著名男高音恩里科・卡羅素（Enrico Caruso）
美國作家、出版人、藝術家艾伯特・賀巴德（Elbert Hubbard）
美國律師艾伯特・蓋瑞（Elbert H. Gary）

你也可以將自己知道的傑出人士加入這份清單，方便的話，不妨搜尋一下人類文明史，你會發現沒有一個成就非凡的人不受到高昂的性欲本能驅策。

性能量是所有天才具備的創造性能量，一旦缺乏性這股驅動力，世界上就不曾有，也不會再有任何偉大領導者、建築師或藝術家。

當然，應當沒有人會誤以為所有善於運用性能力的人都是天才！一個人唯有在大腦受到外界強烈刺激，發揮創新式想像力，召喚出任他取用的力量時，才能提升到天才的地位。有各式各樣的刺激源能夠「提升」人腦的振動頻率，其中主力就是性能量。然而，徒具這種能量尚且不足以產出天才，非得將它從肉體接觸的渴望轉化成其他形式的渴望和行動後，才會將一個人提升到天才的層次。

確實有少數人因為具備了強烈性欲而成為天才，但絕大多數的人並非幸運兒，反而出於誤解而濫用這股偉大力量，結果反而貶低自我，終至淪落與低等動物相提並論的低層次生物。

為何鮮少有人在四十歲之前功成名就？

我深入分析超過二萬五千位傑出人士後發現，在他們之中，鮮少有人四十歲之前就飛黃騰達；更常見的情況是，他們都是邊做邊學才在年逾五十歲後真正找到成功的手感。這項事實大大出乎我的意料之外，促使我戒慎恐懼地投身研究個中原因，花了超過十二年深入調查。

研究結果顯示，多數人未能在四十至五十歲之間功成名就，最主要原因是他們往往過度沉迷於宣洩生理的性欲，結果將精力揮霍殆盡。多數人永遠不知道性欲除了可以體現在純生理感受，還有什麼其他意義遠超於此的用處。大部分人發現這一點時，多半在四十五至五十歲前的性能量高峰期虛度多年光陰，不過，一旦發現這一點，他們的矚目成就便指日可待。

許多年近四十歲或超過四十歲的人生活頹廢、毫無作為，他們的生活體現出持續浪費精力的現象，四處浪擲原本可以藉由適當引導找到更有利事業的細膩、強大情感，最終這種習性只會為他們扣上「浪蕩子」的名號。

至今，抒發性欲的渴望是人類情感中最強烈、最有力的佼佼者。有鑑於此，當我們有能力駕馭並將其轉變成發洩生理需求之外的其他活動，就能提升自我到天才的高度。

情感是掌控文明社會、影響行動的重要因素

歷史上不乏名人借助酒精和毒品等人為精神刺激，讓自己提升到天才的高度。艾格・愛倫坡（Edgar Allan Poe）嗜酒如命，寫下代表詩作《渡鴉》（Raven）：「大做以往凡夫俗子不敢做的夢。」美國詩人詹姆斯・惠特康・萊利（James Whitcomb Riley）也是狂飲後才寫下流傳不朽的作品。或許正是如此他才看到，「現實和夢境井然有序地交織在

一起，風車現身河流上游、薄霧飄在溪流上方」。蘇格蘭詩人勞伯・伯恩斯（Robert Burns）則是越醉越能發揮才情：「憶往時，親愛的，讓我們飲一杯甘醇的美酒，往事不堪回首。」

但是請牢記，許多人最終親手毀了自己。造物主自有安排，人們大可安心地給予心靈刺激，進而再站上某個層次，與來自「偉大未知世界」的奇妙思想一致和諧震動。截至目前為止，我們依然還沒有找到能夠取代天然刺激物的安全替代品。

心理學家承認，性欲和精神衝動之間緊密相連，這項事實正足以解釋，有些特定原始部落往往會舉行帶有宗教色彩的古怪「重生」儀式，讓與會者縱欲雜交。

人類情感不但統馭世界，也掌控文明社會的命運，影響行動的因素與其說是理智，不如說是「情感」。心智思想的創造力之所以能夠付諸行動，完全是受情感驅動，而非冷靜的推理使然。人類一切情感中，最強烈的力量就是性欲；有些其他的心靈刺激源本章稍早已略述，但總的來說，不僅沒有單一力量能與性欲這股驅動力相提並論，即使這些刺激物全部加起來，效果仍比不上性欲的驅動力。

心靈刺激物是指任何可以暫時或永久強化人類思考能力的影響力，本章稍早略述的十大心靈刺激源則是最常見的管道。我們經由這些管道與無窮智慧交流，或是隨意進入自己或別人的潛意識寶庫。

超級業務員擅長將強烈性欲轉化為個人魅力

曾有一位講師訓練並指導超過三千名業務員，他發現一項驚人事實，性欲旺盛的業務員績效最高。個中原因可能是，俗稱「個人魅力」的人格特質其實就是性能量。性欲較強的人總是具備較強大的吸引力，若能加以培養、理解，便能善用這股生命力在處理人際關係時發揮最大效用。這股能量可以透過以下媒介傳遞給其他人：

❶ **握手**。雙手接觸立即判斷對方是否有魅力。

❷ **聲調**。魅力，或是性能量，能為聲調增色，或是抑揚頓挫、悅耳迷人。

❸ **手勢和體態**。性欲旺盛的人動作輕快，而且優雅、自在。

❹ **思想振動頻率**。性欲旺盛的人會將性這種情感融入思緒裡，或是說，他們能自主隨興這麼做，藉此影響周遭人士。

❺ **儀表**。性欲旺盛的人通常十分在意個人儀表。他們多半會選擇樣式能體現自身個性、體態及膚色等特點的服飾。

當比較幹練精明的經理人聘僱業務員時，首要考量就是找出應徵者的個人魅力。缺乏性能量的人永遠不會具備高度熱忱，更遑論鼓起熱忱激勵他人，然而，無論業務員想要推銷什麼產品，熱忱都是業務精神的必備條件。

就影響別人的能力而言，公眾發言人、演說家、傳道士、律師或業務員若是缺乏性能量，就只會是個「輸家」；還有一點，多數人唯有在情緒被撩撥起來之後才會被影響，你只要能理解這兩點就會明白，業務員有一部分的天性帶有性能量是多麼重要的特質。**超級業務員的地位絕非浪得虛名，正是因為他們總在有意或無意之間將性能量轉換成推銷的熱忱！**從前面這句話，我們可以找出性欲轉換的精髓。

有些業務員懂得將心思抽離性事，把同樣的熱忱和決心全數轉移到推銷商品上，無論自己是否意識到這一點，他們終究是確實掌握性欲轉換的藝術。其實，絕大多數深諳此道的業務員根本就不曾意識到自己在做什麼，也渾然不覺究竟自己是如何辦到的。

一個人得具備非比尋常人的堅強意志力才能達到性能量轉換的高標要求。不過，發現自己缺乏足夠意志力以便實現轉換的人，其實可以持續練習並逐步培養出這種能力，最終的報償絕對值回票價。

致富祕訣29

性欲較強的人總是具備較強大的吸引力，若能加以培養、理解，便能善用這股生命力在處理人際關係時發揮最大效用。

性與愛的力量：成功男人背後的那雙推手

多數人對於性這個主題似乎是無知得可怕，長期以來，無知又心術不正的人完全錯誤理解、惡意中傷而且冷嘲熱諷性欲，以至於光是性這個字眼幾乎不曾在講究禮數的場合使用。沒錯，有幸得以深刻體悟性欲本質的男女通常會遇到別人懷疑的眼光，旁人非但不認為是一種福氣，反而還嫌惡是種穢氣。

即使身處這個文明開化的時代，仍然有成千上百萬人錯誤相信情欲旺盛是一種詛咒，因而深感自卑。但事實上，雖說性能量的好處多多，但仍不應被詮釋成替放蕩行為脫罪。只要人們明智、審慎地處理性事，這種情感其實是一種美德。人們錯用性欲這種情感的程度已經嚴重到非但未能充實身心，反而有害身心。

作者本人有幸分析每一位取得成就的偉大男性領導者後發現，他們的豐功偉業顯然有很大程度是得歸功某位女性激勵所致。在許多案例中，「背後那雙推手」是一位謙遜、克己的妻子，幾乎不為外人所知；但也有少數案例會追溯到「另一個女人」，或許這類案例你並非毫無所悉。

每一個聰明人都知道，酗酒、吸毒這種過度刺激的行為就是一種縱欲無度的形式，會破壞人體包括大腦在內的重要器官；然而，並不是每個人都知道，過度沉湎性事可能成為一種習慣，會折損創新的力量，破壞力和損害力比起毒品或酒精有過之而無不及。

滿腦子只想著性的人基本上和毒蟲沒什麼兩樣！兩者都失去掌控理智和自我意志的

能力。過度沉湎性事或許不僅會破壞理智和意志力，還會導致短期或長期的精神錯亂。許多過度想像的臆想病（hypochondria）患者就是因為不瞭解性的真正功用，以至於養成壞習慣才得病。

我們簡要分析這些性主題後很容易就可看出，懵懂不解性欲轉換這個主題，一方面會深受無知的莫大痛苦，另一方面則得不到同樣強度的驚人好處。

人們懵懂不解性事全因這項事實：這道主旨永遠都籠罩在一層暗黑的面紗裡。它帶有神祕和禁忌色彩，兩者加乘便勾起人人旺盛的好奇心與渴望，想要更深入瞭解這個「禁忌」議題。立法人士與多數醫師接受最高規格的培訓，最有資格教育年輕人性知識，但他們全都該感到慚愧，因為社會大眾很難獲得相關的性知識。

四十至六十歲是人類的創新能力顛峰期

無論是哪個領域，幾乎鮮少有人在四十歲以前就能發揮高度想像力，**一般人的創新能力約莫是在四十至六十歲之間才登峰造極**。這番論述的基礎是源自仔細分析成千上萬名男男女女的結果，應該頗能激勵那些還沒做出什麼成績的四十歲以下青年，也應能讓已屆不惑之年，開始害怕變成中年大叔、大嬸的人士好好振作。總的來說，**四十至五十歲這段年紀是人生黃金時期，我們不應懷抱恐懼、心驚膽顫地邁入這個階段，而是應該**

滿懷希望與殷切期待。

如果你想親眼目睹多數人都在四十歲以後才在工作中發光發熱的證據，不妨研究成功人士的生平紀錄，一切不證自明。亨利·福特年逾四十才「找到成功的步調」；安德魯·卡內基也是多年辛苦付出，到了四十好幾才開始收割成功的果實；詹姆斯·J·希爾四十歲時都還是個電報員，他是過了那個門檻才開始開創卓越成就。實業家和金融家的生平傳記裡，俯拾皆是四十至六十歲才進入人生最多產階段的證據。

一般人如果有心的話，三十至四十歲之間就會開始摸索學習性欲轉換的藝術。他們多半是在意外情況下發現這門技巧，而且往往是在渾然不覺的情況下駕輕就熟。他們可能會先觀察到，自己到了三十五至四十歲之間，實現成就的力量突飛猛進，不過多數人並不明白個中原因。其實不過就是，**三十歲至四十歲之間，大自然會開始調和平衡個人在愛與性方面的情感，如此一來，他們就能召喚偉大力量，合併這兩道情感，當作採取行動的激勵誘因。**

愛、浪漫與性，成就天才的黃金三角

光是性這種情感本身就是激勵行動的強大力量，不過就好比是無法掌控的旋風。當愛與性兩者水乳交融時，結果往往是讓我們冷靜定下目標、氣度沉著、精確判斷並取得平衡心態。假使一個人活到四十歲卻還無法根據自身經歷分析並驗證以上論述，這個人未免太過不幸了。

愛、浪漫和性，所有這些情感都能驅策人們攀上事業顛峰。愛所扮演的角色好比安全閥，確保我們心態平衡、氣度沉著並付出積極正向的努力。當三種情感合而為一，就能將一個人提升到天才的高度。

這些情感都屬於精神狀態，大自然賦予我們「心理化學變化」，它的作用原理就和物質發生化學變化時遵循的原則大同小異。化學家將某些本身完全無害的化學成分按照適當比例互相混合，就可以製造出致命毒劑，同理，這些情感也可以混合成致命毒劑。性與嫉妒這兩種情感交融時，就會將好好的正常人變成喪心病狂的野獸。

當人類心智出現至少一種具有破壞力的情感，並在內心產生化學變化以後，就會製造出一種足以摧毀個人公平正義感的毒劑。在極端情況下，這些情感的任何一種組合變化都足以毀滅個人的理智。

成就天才之路包含培育、控制並妥善處理性、愛和浪漫的過程，簡單來說，我們可以如此描述這道過程：

致富祕訣30

四十至五十歲這段年紀是人生黃金時期，我們不應懷抱恐懼邁入這個階段，而是應該滿懷希望與殷切期待。

滋養這三種情感，讓它主宰你的心智思想，就會阻止其他破壞性情感出現。我們的心智是習慣的產物，會攀附個人餵養它的主導性思維成長茁壯。意志力可以助你一臂之力，阻止某種情感出現，同時鼓勵另一種情感成形。借助意志力控制心智並不難。控制力量源於毅力和習慣，控制的奧祕就在於理解這一整個轉換過程。當一股消極情緒主動浮現腦海時，你只要啟動簡單的思想轉換過程，就能將它轉換成積極、正向的想法。

成就天才之路，除了自動自發的努力之外別無他法！有些人或許單單靠著性能量的驅策力就能在金融或商業領域創造斐然成就，不過歷史中處處可見明證，這些人往往在實現卓越成就的同時，卻緣於某種人格特質使然，最終留不住大筆財富。這一點很值得深入分析、考慮、深思，因為它揭櫫一項或許對全體人類有幫助的道理。成千上萬人正是由於視而不見這項道理，即使坐擁金山銀礦，最終卻失去享受幸福的特權。

愛這種情感能引出並培養出一個人的藝術情懷與審美觀，在他的心靈深處烙下印痕，即使隨著時間流逝、物換星移，愛火漸熄，烙痕仍不會褪去。

愛的影響力之所以恆久正因為它本質上屬於精神層面，因此，那些受到愛情驅策卻仍舊成不了大器的人可說是無可救藥，根本就是行屍走肉。

請試著時常回想往日時光，讓心靈沉浸在昔日愛戀的美好回憶吧，你得以舒緩眼下的擔憂和煩惱所帶來的不良影響，鑽進一個暫且逃避困頓現實生活的小天地，尤有甚者，在你短暫遁入想像世界時，你的心智還可能為你帶來改變下半輩子經濟地位或生命靈性的想法或計畫。誰能說得準呢？

如果你曾「真心愛過卻從此錯過」，為此自憐自艾，請快收起這種想法吧。真正愛過的人不會徹底失去愛。愛情既反覆無常，又毫無規則可循，它的本質轉瞬即逝、來去無蹤。你該做的事就是接受它、享受它，但千萬不要浪費時間杞人憂天何時情逝。真到了那一步，就算你想破了頭也喚不回。

此外，請捨棄一生只愛一回的念頭。愛情總是來來去去，不計次數，但絕不會有兩場愛情經驗都以同樣的方式影響你，比較可能的情況通常是，在所有愛的體驗裡，唯獨那麼一場經歷在你心中留下最刻骨銘心的烙印。不過，若不考慮某些人在愛情離開時就跟著變得怨天尤人、憤世嫉俗，其實愛情體驗都能讓所有人獲益良多。

人們一旦理解愛和性這兩種情感的差異，就不應也不該再對愛情失望，兩者主要區別在於，愛屬於靈性層面，性則屬於生理範疇。任何以靈性力量觸動人心的經歷都不至於有害，除了無知或嫉妒。

毫無疑問，愛是人生最美妙的體驗，它能為我們搭建與無窮智慧交流的橋樑。**當愛與浪漫、性相融為一，就可能引領我們攀上創造力的顛峰。愛、性和浪漫這三種情感好比三角形的三條邊，打造出專門實現成就的天才。**這是大自然造就天才的唯一手法。

致富祕訣 31

當愛與浪漫、性相融為一，就可能引領我們攀上創造力的顛峰。

愛有各式各樣的型態，最強烈、最熾烈的一種便是結合愛與性這兩種情感所體驗的愛。婚姻如果不幸地缺乏長期親密的愛戀，也少了性得以平衡或調劑，這樣的婚姻難以幸福快樂，更別提天長地久。婚姻若只有愛或只有性，都不會幸福快樂，唯有這兩種美好的情感相互交融，世人才能感受到婚姻帶領他們進入某一種心態，近距離接近某種最高的精神境界。

如果愛和性這兩種情感中再添入浪漫的元素，就得以掃除人的有限思維與無窮智慧之間的障礙。天才從此誕生！

對那些往往滿腦子只有性這種情感的人來說，上述說法將為他們帶來耳目一新的體驗。我們在本章所詮釋的情感會讓我們的人生超越平凡，也會讓我們成為上帝手中的黏土，任由祂將我們型塑成美麗非凡、鼓舞人心的生物。當我們正確理解這一點，它就會讓當前許多婚姻脫離混亂、走向和諧。夫妻間的嘮叨爭吵往往根源於不認識性這一主題。如果愛與浪漫，加上正確理解性這種情感及功能，夫妻之間就不會出現齟齬了。

夫妻圓滿是成功的基礎

如果能夠徹底瞭解這裡提出的解釋，許多感情不睦的夫妻便能言歸於好。婚姻失調的原因追根究柢，多半出於對性的課題缺乏知識。夫妻之間如果具備了愛與浪漫，同時瞭解「性」的情緒與功能，夫妻之間就不會失和。

妻子若能明白愛、性與浪漫三者間的真正關係，是丈夫的福氣。在這三種情緒的黃金組合的激勵下，丈夫再辛苦也不嫌累，一切都是為了愛而付出。俗語說：「妻子可以成就丈夫，也可以毀了丈夫。」其實就是看妻子是否理解愛、性與浪漫這些情緒。

男人最強的動力來自取悅女性的渴望。史前時代的獵人精進狩獵技巧就是為了得到女性的青睞。現代「獵人」改用華服、汽車、財富來討好女性。男人討好女人的渴望，仍跟史前時代一樣。若是失去心愛的女人，財富對於絕大部分男人而言就不具意義。

能夠掌握男人天性，懂得巧妙迎合男人的女人，不必擔心男人被其他女人搶走，男人在面對其他男性時或許是頑強的巨人，卻會輕易順從他的心上人。

有些男人會聽從幾位特定女性的意見——妻子、情人、母親或姊妹，他們理性圓融，不會抗拒她們的影響力，因為這些男人夠明智，知道如果少了女性溫和的影響力，自己就不會感到快樂或圓滿。沒有體認到這項重大事實的男性，就是錯失了一股最能幫助他成功的力量，這股力量比其他力量的總和更為強大。

愛、性和浪漫三種情感融合，驅策人攀上成就的顛峰。

成功人士思維 11

化愛與性為成功的動力！

- 性欲是人類最強烈的渴望。當我們受到性欲驅使，想像力、勇氣、意志力、毅力和平時不曾展現的創造力全都增強了。
- 與成功人士生平相關的可考證據全都無庸置疑地表明，這些人都擁有極強烈的性欲。
- 性欲這種情感無疑是所有心靈刺激源中最強烈有力的佼佼者。
- 超級業務員總在有意或無意之間將性能量轉換成推銷的熱忱！
- 一般人的創新能力約莫是在四十至六十歲之間才登峰造極。
- 愛、性和浪漫這三種情感好比三角形的三條邊，打造出專門實現成就的天才。

化愛情為創作的靈感

——「樂聖」貝多芬（Ludwig van Beethoven）

路德維希．范．貝多芬（一七七〇～一八二七年）是集古典主義大成的德國作曲家，也是鋼琴演奏家，對音樂發展有著深遠影響，因此被尊稱為「樂聖」。

這位偉大的音樂家一生雖然沒有結婚，愛情經歷卻豐富而曲折。

二十九歲那年，貝多芬教導布倫斯維克（Brunsvik）伯爵家兩個女兒特蕾莎和約瑟芬彈奏鋼琴，隔年又教導兩姊妹的表妹，十六歲的茱麗葉塔．圭察迪（Giulietta Guicciardi）。美麗的茱麗葉塔極富魅力，貝多芬為她深深著迷。貝多芬相貌平平卻才華橫溢，茱麗葉塔也對他很有好感，兩人雙雙墜入愛河。貝多芬為她創作了《月光》鳴奏曲。

兩年的熱戀讓貝多芬享受到人生中少有的幸福，但身分的差距最終使兩人分開，茱麗葉塔遠嫁義大利某位伯爵，當時深受耳疾困擾的貝多芬差點為情自殺。

數年後，貝多芬與從前教過的女學生、現今成為伯爵遺孀的約瑟芬重逢。貝多芬再次教授她鋼琴，兩人陷入熱戀，貝多芬將他對約瑟芬濃烈的感情化為樂章《熱情》，三年後約瑟芬卻與另一位男爵再婚，身分的差距再次阻撓了貝多芬的戀情。

年近四十的貝多芬開始渴望能夠結婚，此時他生命中的另一個女性出現了，十八歲少女特蕾莎．馬法提（Therese Malfatti），美麗又具有音樂天賦的她立刻讓貝多芬墜入愛河。貝多芬想跟特蕾莎結婚，卻再次因為身分懸殊的理由被拒絕，自此貝多芬一直是孤身一人，終生未婚。據說特蕾莎就是《給愛麗絲》中的「愛麗絲」，貝多芬過世後眾人發現《給愛麗絲》時，將貝多芬所寫的特蕾莎誤認為愛麗絲。

貝多芬雖然終生未婚，情感豐富彭湃的他一生卻談過數段刻骨銘心的愛情，他的好友醫師韋格勒（Wegeler）曾說：「貝多芬無時不在戀愛，而且愛得刻骨銘心。」雖然感情路上屢屢愈挫，他卻將這份激情轉化為創作的動力，留給後人一首首扣人心弦的優美樂章。

「樂聖」貝多芬的成功祕訣——

將濃烈的情感昇華為創作的欲望！

參考資料：《漫畫版世界偉人傳記2：熱情！貝多芬（克服耳聾殘疾的偉大音樂家）》迎夏生／著（野人文化）

第十一章

成功白金法則11
開發潛意識
——串聯意念與無窮智慧的媒介

每次我祈禱
潛意識讓我實現願望，
結果總是落空……
我就知道不可能有這種好事。
普通人
向潛意識祈禱時，
我總是充滿信心，
每次結果都讓我很滿意！
成功人士

潛意識是讓你擷取無窮智慧的媒介！

潛意識是一個意識領域，每一道思想脈動經由五感傳遞到意識後就會分類、記錄歸檔。想法可能在潛意識裡被喚起或挑起，就好比收進檔案櫃裡的信件日後可能重見天日一般。

無論各種感官印象或想法的本質為何，潛意識都會照單全收，然後一一歸檔。**你可以主動在潛意識植入計畫、想法或目標，以便將所有渴望轉化成物質或金錢之類的對等實物，它會優先執行已經結合信心等情緒的熱烈渴望。**思考這一點時，請一併考慮第一章〈熱烈渴望〉介紹的六大步驟，以及第六章〈條理分明做計畫〉的指示，擬定並執行計畫，這樣你就能明白，你傳遞給潛意識的想法有多麼重要。

潛意識夜以繼日地運作。它能夠擷取無窮智慧的力量，借力使力自動將渴望轉化成相對應的實質事物。它能透過最適合的媒介，以便實現這一步。

你無法完全掌控潛意識，但可以將自己想要轉變成有形實物的所有計畫、渴望或目標交給它。因此，不妨再回頭重新閱讀一次第三章〈自我暗示〉，善用潛意識的指示。

潛意識是串聯有限思維與無窮智慧的連結，證明這項論述的證據繁不勝數。它是中介橋樑，讓我們可以隨時擷取無窮智慧的力量；單單是它就蘊藏了一套祕密機制，可以改變心理振動頻率，將它轉變成對等的精神實物；單單它這個媒介就可以將我們的祈禱傳送給能夠實現祈禱的力量之源。

設法斷絕負面思想，用正面渴望影響潛意識

串聯起潛意識的創造力具有無與倫比、無可計量的可能性，令人敬畏。

我每每討論潛意識時都會自覺謙卑又渺小，或許是因為我們對這個主題的理解只能說是少得可憐。

當你接受潛意識確實存在的事實，瞭解到藉由它的媒介將渴望轉化成物質或金錢對等實物的無窮可能性後，就能心領神會第一章〈熱烈渴望〉所闡述的完整意義，也能明白為何我不斷重複諄諄告誡，要明白自己的渴望，並白紙黑字寫下來，也會明白持之以恆貫徹指令有多必要。

本書所述的十三條成功白金法則統統都是讓你得以藉由它們與潛意識溝通並影響潛意識的能力。如果第一次嘗試就失敗，千萬別氣餒。你得記住，根據第二章〈建立信心〉所闡述的信念，**唯有養成習慣才能得心應手掌控潛意識。**目前你可能尚無足夠時間主宰信心，請靜心等候、持之以恆。

在此重複引用第二章〈建立信心〉、第三章〈自我暗示〉的大量論述，以便協助讀者培養潛意識。請牢記，無論你是否試圖影響潛意識，它都會自動自發作用。這一點是

在暗示你，恐懼、貧窮及其他一切負面的消極想法都會刺激潛意識，除非你能掌控這些思想意念，灌注潛意識更多正面養分。

潛意識一刻也不閒著！如果你無法灌注潛意識種種渴望，它就會在你怠忽職守時接收任何送到眼前的意念。我們之前已經解釋過，無論是正面或負面的思想意念，都能藉由第十章〈理解性欲轉換的奧祕〉闡述的四大性欲轉換管道，源源不絕地傳入潛意識。

就目前來說，我們只要記住，各式各樣的思想意念都在你渾然不覺的情況下悄然進入你的日常生活，它們有些消極負面，有些則積極正面。**現在開始，你得設法斷絕負面思想的意念流動，積極利用渴望的思想意念影響潛意識。**

一旦你做到這一點，就算是掌握了打開潛意識之門的鑰匙；尤有甚者，你還可以全權控管這扇大門，拒絕任何不受歡迎的負面想法影響你的潛意識。

人類創造的萬物都起始於一個意念振動，亦即，人類先有思想孕育，才能憑空創造事物。人類藉由想像力的從旁協助就能整合各種思想意念成為計畫。一旦人類得以駕馭想像力，就可以用來打造計畫或目標，引領他在自己的領域裡成功。

凡是你為了實現渴望而輸入潛意識的所有意念振動，都得仰仗想像力的加持，而且須與信心融合。唯有透過想像力，我們才能將信心融入計畫或目標，輸入潛意識。

從上述說法你可以知道，若想自主善用潛意識，就得協調並運用十三條成功原則。

唯有融合了情感的想法才能打動潛意識：避免負面情感的影響

與「感情」或情緒融合的思想意念，比起純粹出於理智的意念振動，更容易影響潛意識。事實上，許多的證據顯示：**唯有與情感交融的想法才能動員潛意識**。大多數人都是情感或情緒的動物，既然潛意識能更快速、有力地反應融入情感的思想意念，我們就有必要熟悉這些重要的情感。

正面積極的情感有七種，負面消極的情感主要也有七種。負面消極的情感會自動注入思想意念，因此必然能進入潛意識。反之，正面積極的情感必須藉由自我暗示原則，被動地送入你想傳遞到潛意識的思想振動裡（相關指示已列在第三章〈自我暗示〉）。

這些情緒或感情振動有如麵包裡的酵母，可以將意念振動從停滯狀態轉化成活躍狀態。這樣，我們或許就能理解，為什麼與情感融合為一的意念振動遠比源於「純屬理智」的意念振動更容易付諸執行。

你要努力掌控潛意識這位「內在觀眾」，才能將發達致富的渴望交付給它，把這股渴望轉化成相對應的金錢實物。為此，你必須學會如何接近這位「內在聽眾」的管道、

致富祕訣32

主動在潛意識植入計畫、想法或目標，便可以將渴望轉化成物質的對等實物，它會優先執行已經結合信心等情緒的熱烈渴望。

學會用它能理解的方式溝通，否則你別想召喚它。最能和它溝通的方式就是訴諸於情緒或感情。在此，我們不妨介紹七大主要的正面情緒和七大主要的負面情緒，好讓你對潛意識下達指令時可以趨吉避凶。

．七大正面情緒

❶渴望
❷信念
❸愛
❹性
❺熱忱
❻浪漫
❼希望

當然我們還擁有其他正面情緒，但就屬上述七種威力最強大，也最常運用在執行創造力。只要你學會對以上七大情緒收放自如，其他正面情緒就會在你需要之際隨心所欲任你差遣。請牢記，本書的寫作宗旨意在幫助你滋養心中的正面情緒，好讓你培養出「致富意識」；反之，你的心中若是塞滿負面情緒，就別想產生「致富意識」了。

・七大千萬別靠近的負面情緒：

❶恐懼
❷嫉妒
❸憎恨
❹報復
❺貪婪
❻迷信
❼憤怒

正面情緒與負面情緒不會同時占據人心，一次只有一方能夠發號施令，因此你得確保正面情緒具有主導心智的影響力。在此，你可以借力習慣法則，培養出接納並活用正面情緒的習慣！總有一天，它們就會主導你的心智，讓負面情緒無隙可乘。

唯有切實、持續恪守這些指示，你才能掌控自己的潛意識。你的意識中只要存有一

致富祕訣33

現在開始，你得設法斷絕負面思想的意念流動，積極利用渴望的思想意念影響潛意識。

絲一毫的負面情緒，就足以摧毀潛意識提供建設性協助的所有機會。

祈禱時切忌心存恐懼與疑慮：真正的信心才能成就願望

如果你善於觀察，肯定會注意到，多數人唯有在一切終將以失敗告終時，才會發願祈禱！否則他們平時祈禱只是照本宣科、行禮如儀；再者，正因為多數人只在搞砸一切的時候才祈禱，他們在祈禱時往往心中溢滿恐懼和疑慮，潛意識不但被這類情緒牽著鼻子走，還會傳遞給無窮智慧。同理，這類情緒也會被無窮智慧全盤接收並且據此行動。

如果你祈禱某事會應驗，卻又心存終將落空的恐懼，或是害怕無窮智慧不會根據你的祈禱採取行動，你的祈禱注定是白忙一場。

有時候，祈禱確實是有求必應，如果你曾經有過誠心祈禱後發現確實應驗的經驗，不妨花點時間回想先前祈禱時實際的心態，你必然會知道，在此我所提出的並非僅僅只是理論。

我們與無窮智慧交流的方式其實頗類似無線電傳遞聲波的技術。如果你稍微理解收音機、電視機和手機的工作原理就會知道，聲音和影像非得經由「增頻」才能對外傳遞。這麼說好了，我們得將聲音和影像轉變成雙眼、雙耳無法辨識的振動頻率，這樣它們才能透過大氣傳輸；等發射台辨識出聲音和影像之後，就要將振動頻率提升幾百萬倍。唯有完成前述流程，這些振動頻率才能經由大氣對外傳遞。一旦實現這種轉換之後，大氣就能「挑揀」出電波能量，並將這種能量傳送到接收站，經由收聽設備將它們「降轉」到原始頻率，這時候我們才能聽見或看到它們。

潛意識是一種溝通媒介，將一個人的祈禱內容轉變成無窮智慧能夠辨識的語彙、揭露祈禱內容的訊息，然後再形成明確計畫或清晰想法的方式傳送回來，為祈禱者實現心中祈求的目標。你一旦明瞭個中道理就會知道，為何祈禱者照本宣科喃喃誦唸祈禱書中簡單的三言兩語，是絕對不可能串聯人的思維和無窮智慧。

依照作者的理論，你的祈禱內容接觸到無窮智慧之前，可能會先從原始的思想衝動轉換成精神脈動的語彙。截至目前我們所知，信心是唯一能夠賦予你的想法一種靈性內涵的介質。信心與恐懼是水火不容的兩大勢力，只要有一方盤據心頭，另一方必將消逝無蹤。

斷絕負面影響，積極利用渴望的意念影響潛意識。

成功人士思維 12

讓潛意識幫助你完成心願！

- 潛意識是串聯有限思維與無窮智慧的連結，唯有養成習慣才能得心應手掌控潛意識。
- 現在開始，你得設法斷絕負面思想的意念流動，積極利用渴望的思想意念影響潛意識。
- 正面情緒與負面情緒不會同時占據人心，一次只有一方能夠發號施令，因此你得確保正面情緒具有主導心智的影響力。
- 如果你祈禱某事會應驗，卻又心存終將落空的恐懼，或是害怕無窮智慧不會根據你的祈禱採取行動，你的祈禱注定是白忙一場。

活用潛意識的力量
——希爾頓飯店集團創始人康拉德．希爾頓（Konrad Hilton）

「飯店大王」康拉德．希爾頓（一八八七～一九七九年）創立的希爾頓飯店集團現在全球已擁有兩百多家旅館，資產總額達數十億美元，每天接待數十萬計的各國旅客，年利潤達數億美元，雄居全世界最大旅館的榜首。

希爾頓生於美國新墨西哥州，第一次世界大戰期間曾服過兵役，並被派往歐洲戰場，戰後退伍，之後經營飯店業。

康拉德．希爾頓開始涉足飯店業時，手頭只有五千美元。他向母親請教「我該如何創業？」他有一位偉大的母親，她嚴肅且堅定地告誡兒子：「你必須找到你自己的世界。要放大船，必須先找到水深的地方。」

在經濟大蕭條（Great Depression，一九二九～一九三三年）的全球性經濟大衰退時代，希爾頓差一點面臨破產，但他是個實實在在的樂天派，克服了逆境重新站起來，在一九四六年設立「希爾頓飯店集團」。

希爾頓在自傳中對自己的一生進行了總結，歸納出幾個成功的要素：發現自己的特有天資；有大志，敢想，敢幹，敢憧憬；熱忱、執著；不要過於憂慮；不留戀過去；不要讓你擁有的東西占據了你的思想情感；滿懷信心不間斷地祈禱。

他曾說過：「成功的人一直不斷地在行動。就算曾經犯錯，也不會就此駐足不前。志向要遠大，想法要偉大，做法要大方，夢想也要遠大，你想要有多大的發展，取得多大的價值和成就，你就得樹多大的志向和理想。」

打造全球最大飯店連鎖集團的「飯店大王」希爾頓，用他自身的非凡成就證明了這句話。

希爾頓飯店集團創始人康拉德．希爾頓的成功祕訣——

志向要遠大，想法要偉大，做法要大方，夢想也要遠大！

參考資料：《夢想成真的力量：全球成功人士實證，改變命運的超強公式》二志成／著（高寶）

第十二章

成功白金法則12
瞭解大腦的力量
——思想的廣播與接收站

每個人能想的事、能做的事
都有其界限，
證明大腦的能力是有限的。
普通人
我相信
只要善加利用，
人類的大腦有無限的可能！
成功人士

大腦是意念的廣播與接收站

作者曾與電話發明者亞歷山大・葛雷漢・貝爾（Alexander Graham Bell）、艾爾莫・R・蓋茲博士兩位共同完成一項研究，我們從中發現一項結論，人類大腦都是思想振動的廣播與接收站。

我們每個人的大腦都能藉由大氣這種媒介，在類似收音機和其他無線電通訊產品的基本原理作用下，接收其他大腦發射出的思想振波。

請將上述內容與第五章〈激發想像力〉闡釋的創新式想像力相互比較、合併思考。創新式想像力好比大腦的「接收設備」，能夠接收別人的大腦對外釋出的想法。它可說是一個人的意識或理智思維的媒介，能與接收思想刺激的四大源頭溝通交流。

每當心智受到刺激或是振動頻率「加快」上升至較高的頻率時，就會更容易接收到外部源頭穿透太虛直達核心的思想振動。這個「加快」過程會透過正面情緒或負面情緒實現。情感作用才可能加速思想振動。

單就強度和驅動力而言，性欲這種情感高居所有人類情緒首位。大腦受到性欲的情感刺激就會快速振動，遠高於情緒穩定或心如止水時的頻率。

性欲轉換的結果便是大幅提高思想振動的頻率，到達某種高度，足以促使創新式想像力輕易接收大氣中傳遞的思想。當大腦採取較高頻率振動時，不僅能吸引別人大腦釋放的想法和觀點，也會讓自己的想法更有感覺，唯有如此，潛意識就能挑揀這些想法並付諸行動。由此觀之，廣播原理是一項重要元素，讓你得以在自己的想法中融合感覺或情緒，然後再傳遞給潛意識。

潛意識是大腦的「發射站」，用以對外釋放思想振動。創新式想像力是「接收設備」，讓思想振動穿透大氣後可以被辨識挑揀。

順著潛意識和創新式想像力這些重要因素思考，現在我們還得一併考慮自我暗示原則，它是讓你順暢運作「廣播」站的工具。

你詳讀過第三章〈自我暗示〉所闡釋的指示後，就會明確理解將渴望轉化成金錢對等實物的方法。

讓精神「廣播」站順暢運轉是一道相對簡單的流程，僅須牢記並活用三大原則即可：潛意識心智、創新式想像力和自我暗示。刺激你將這三大原則付諸施行的源頭已在先前章節詳細闡述，這一切流程全始於**渴望**。

最偉大的力量就是「無形」的力量

幾個世代以來，人們過於依賴自己的生理感官，因此知識也局限在觸目可見、觸手可碰、掂得出斤兩並且量得出範圍的客觀物質範圍。

如今，我們正進入前所未見的神奇時代，我們將在其中學會一股與自身有關的無形力量。隨著時代遷移，或許我們應當學會，「另一個自我」遠比我們在鏡中看到的「肉體的我」更強大。

有時候，因為我們無法藉由五感理解無形之物，因此甚少著墨。但是我們萬萬不可忘記，**這股無形不可見的力量掌控我們全體**。

全體人類都無法對付或控制這股波濤洶湧的無形力量，就連重力這股無形力量為何可以讓地球懸在半空中，以防所有物體從半空中掉下來，人類的心智也不足以理解個中的玄妙，更別提掌控這股力量。面對暴風雨的無形力量，我們只能完全屈從，遇到電力的無形力量，我們同樣無助。實際上，還有許多人甚至不知道什麼是電、來自何方或存在的目的為何！

我們對於無形不可見的力量極為無知，絕對不僅止於上述事項。我們不理解大地所蘊含的無形力量及智慧，但它提供我們所吃的每一口食物、所穿的每一件衣裳，和放在口袋裡的每一分錢。

大腦的神奇力量

最後再提一個重點，我們動不動誇耀自己的文化與教育，但事實上我們卻對意念這股最強大的無形力量知之甚少，或根本一無所知。**關於人類的大腦、將意念能量轉換為**

對等實物的精密大腦機制，我們僅略懂皮毛，卻極不重視。然而，此刻我們正步入一個逐漸解謎大腦的新時代，已經有科學家開始將注意力轉向大腦的研究。雖然他們的研究尚且處於起步階段，但已經大有斬獲，足以知曉在我們人腦的中央處理機制裡，每一顆腦細胞都相互連結，其間的線路數量相當於數字一之後再添上一千五百萬個零。

「這個數字太驚世駭俗了，」美國芝加哥大學比較神經學家C・賈德森・赫立克（Dr. C. Judson Herrick）說，「連處理幾億光年的天文數字都顯得小巫見大巫。我們已能證實，人類大腦皮層的神經細胞數約莫在一百億至一百四十億顆之間，而且我們知道，它們的排列有其特定模式。這樣的安排並非隨機湊雜，十分井然有序。電生理學（electrophysiology）的最新技術可以從精確定位的細胞或帶有微電極的纖維裡，分離出行動中的電流，然後放大並記錄到其間的潛在差異細達百萬分之一伏特。」

若說這套如此複雜的網絡純粹只是用以維繫人體正常生長與生理機能順暢運作，實在令人難以信服。既然它能提供數十億顆腦細胞彼此溝通的媒介，難道不能提供與其他無形力量溝通的機制嗎？

一九三〇年代末期，《紐約時報》刊登一篇社論說明，至少有一所傑出大學的一位

致富祕訣34

讓精神「廣播」站順暢運轉僅須牢記並活用三大原則即可：潛意識心智、創新式想像力和自我暗示。

天才研究人員正進行一項精心規劃的心靈現象研究，而且從中歸納出的結論與本章及下一章的內容幾無二致。這篇社論還簡單扼要分析萊因（Dr. Rhine）博士與同事在杜克大學所完成的研究工作。內容如下：

一個月之前，本報同樣在社論版面引用一部分杜克大學教授萊因和同事所取得的傑出研究成果。他們針對這項研究舉行超過十萬次測試，以便釐清「心電感應」與「靈視能力」是否確有此事。他們摘錄研究成果，一前一後刊登在《哈潑》（Harper）雜誌前兩篇文章裡。在剛出爐的第二篇裡，作者E．H．萊特（E.H. Wright）試舉「超感知覺」認知模式的本質為主題，簡扼說明研究發現，並據此提出合理結論。

基於萊因的實驗成果，有些科學家似已認同心電感應與靈視能力真實存在。在實驗中，研究人員要求許多天賦異稟的超感知人士在不看紙牌，也不使用任何其他感官接觸的情況下，盡可能說出一副特殊紙牌中的每一張牌。結果顯示，大約有二十名男女確實能夠說對，數量之多促使研究團隊歸納出以下結論：「他們憑藉運氣或巧合矇對這麼多答案的可能性不到幾千億分之一。」

但是，他們究竟是如何辦到呢？就算他們真的身懷絕技，我們似乎也無從感知，神力來源更不是已知的人體器官。實驗中，無論受試者是相隔數百英里之遠，或者置身同一間屋子裡，實驗結果都如出一轍。就萊特先生所見，這些事實顯示，物理學的放射理論無法解釋心電感應與靈視能力。所有已知形式的放射能量都與距離成反比，亦即距離越遠，能量越弱，但套用在心電感應與靈視能力上卻不管用。然而，它們確實就和我們的其他精神力量一樣，也會隨著生理狀態變化而異。

但有一點和普遍認知大異其趣，當這些高人熟睡或處於半睡半醒狀態時，這兩種能力不會提高；反之，唯有在最清醒、最警覺的狀態時，心電感應與靈視能力才會充分發揮。萊因發現，當這些高人服用毒品後，表現總是不如水準；但若是興奮劑的話則會強力發功。準確率最高的實驗受試者除非全力以赴，否則也只是表現普普。

萊特先生頗具信心地歸納出一個結論：心電感應和靈視能力其實不過是同一種天賦。也就是說，「看穿」桌上背面朝上的紙牌這種能力似乎和「解讀」他人心中所思所想的能力一模一樣。有好多理由使我們不得不同意這個觀點。

例如，截至目前為止，任何人只要有幸具備這兩種天賦其中一種，必然也具備另一種；至今，這兩種能力在任何具有上述能力的人身上都同樣活躍，屏風、牆壁或距離絲毫不影響這兩種能力。萊特根據這項結論進一步推演，其他被列為純屬「預感」的超感知覺經驗、預兆式夢境、預見災難等能力，也可能是同一種能力的部分表現形式。

讀者除非自覺有必要理解，我們不會強迫推銷這些論點，不過，萊因集結的大量證據確實使人印象深刻。

智囊團原則的活用：腦力激盪會議

有鑑於萊因博士已公開宣布，人腦在何種條件下會出現所謂「超感知覺」認知模式，我有幸得以進一步驗證他的觀點。我和同僚已經發現，我們處於刺激心智的理想條件下，前一章闡述的第六感能夠以一種實際的方式發揮作用。

我所指涉的條件包括我與兩個同事之間的緊密合作。我們藉由實驗與試驗找出刺激這支三人小組的方式（如何運用這項原則，將在下一章「隱形顧問」部分詳加闡述）我們啟動一套將三人心智合而為一的程序，藉此找出解決方法，搞定客戶提出形形色色的個人問題。

這套程序其實非常簡單。我們圍坐在一張會議桌旁，清楚說明研議中的問題本質為何，然後啟動討論。每個人有任何想法都可以暢所欲言。這種做法的獨到之處就是，它能使每一名與會者都能聯繫超出自身經驗的未知知識來源。

如果你理解第九章〈活用智囊團的力量〉所闡述的原則，肯定會發現，此處所說的圓桌會議其實就是運用「智囊團」原則。

這種三人小組就某一個明確主題開誠布公討論的心智刺激法，堪稱是最簡單、最實際運用「智囊團」原則的典範。

任何學習這項原則的人都應該採納、遵循諸如此類的計畫，這樣他就能學會作者寫在〈前序〉的功夫，亦即名聞遐邇的卡內基成功方程式。如果此刻它對你而言仍毫無意義，請將此頁做個記號，等你看完最後一章後再回頭讀一遍。

意念是最強大的無形力量。

成功人士思維 13

運用大腦的強大無形力量！

- 讓精神「廣播」站順暢運轉是一道相對簡單的流程，僅須牢記並活用三大原則即可：潛意識心智、創新式想像力和自我暗示。

- 我們無法藉由五感理解無形之物，但是萬萬不可忘記，這股無形不可或見的力量掌控我們全體。

- 坐在一張會議桌旁，清楚說明研議中的問題本質為何，然後啟動討論。每個人有任何想法都可以暢所欲言，它能使每一名與會者都能聯繫超出自身經驗的未知知識來源。

專注目標，成就個人傳奇
——國際武打巨星李小龍

李小龍，本名李振藩（一九四〇～一九七三年），國際著名華人武術家、武打演員、導演。香港粵劇丑生李海泉之子。截拳道創始人。

李小龍生於舊金山唐人街，幼年在香港長大，曾向詠春拳宗師葉問學習武術。一九五九年，十八歲的李小龍到美國留學、主修哲學。他的童年是在苦練功夫中成長，因此後來也成為一名武術指導教練。然而，他一心想要當個演員，於是客串一些電影和電視節目中的角色。

有一回他聽到一齣全新電視劇《功夫》的製片正在物色精通中國功夫的演員擔任主角時，他知道大好機會上門了。他的試鏡很成功，因此衷心期盼自己能爭取到主角，但後來是另一名演員大衛．卡拉丁（David Carradine）雀屏中選，他大失所望。

李小龍美夢幻滅，打算就此放棄回到中國傳授功夫。當時有些華人社團聽聞此事，打氣信件如雪片般飛來。很快地，各種膚色的影迷也都勸他不要放棄，於是李小龍下定決心繼續尋找新契機。

他再接再厲陸續參加幾部電影演出，功夫演員與中國武術大師的名聲遠播，造就他成為一位全世界家喻戶曉的名人。他從小苦練發展僅限於亞洲國家的功夫，最終卻發揚光大贏得全世界尊重。

李小龍讓西方人見識到東方武術的奧妙，但當年他若不是咬緊牙關追求明星夢，或許早就被世人遺忘。

雖然李小龍年僅三十二歲就死於腦內出血，但傳奇永垂不朽。李小龍不僅仍深受影迷記憶與愛戴，其中有許多影迷甚至在他演出電視時尚未出生，但他主演的電視劇與早期的電影已被轉製成DVD，至今仍風靡全世界。

李小龍的影響力巨大，被《時代週刊》評為「二十世紀最重要一百人」之一。

國際武打巨星李小龍的成功祕訣——

咬緊牙關追求夢想，你將揚名全世界。

參考資料：《夢想成真的力量：全球成功人士實證，改變命運的超強公式》二志成／著（高寶）

第十三章

成功白金法則13

相信第六感

——進入智慧殿堂的大門

第六感聽起來太玄奇了……
想靠第六感成功，
未免不切實際。
普通人
我確信第六感的存在，
它引導我接收無窮智慧，
也將帶我走向成功！
成功人士

第六感即潛意識中的「創新式想像力」

第十三條成功法則即是俗稱的第六感。個人無需努力或刻意要求，無窮智慧便可主動與其溝通，永恆如一。這條原則是成功哲學的登峰造極之境，唯有首先精熟前述十二項原則，才能吸收、理解並應用這一條原則。

第六感即潛意識中被指為「創新式想像力」的部分，也被我們喻為「接收設備」，用來傳遞想法、計畫和閃現在我們心頭的念頭。這些「一閃而過」的影子有時候會被稱為「預感」或「靈感」。

第六感無法用文字形容！你無法跟未曾嫻熟掌握成功哲學其他原則的人說明第六感，因為他們缺乏可與第六感對照的知識和經驗。唯有發自內心冥想才能理解第六感。它可能是個人的有限心智與無窮智慧之間接觸的媒介，有鑑於此，第六感既屬心理層面，也屬精神層面。一般相信，第六感正是人類心智得以串連宇宙心智的關鍵。

一旦你精通本書闡述的原則後，便能好整以暇地準備接受真理，否則它對你而言可能就像是無字天書。**第六感能夠助你一臂之力，讓你在危險將至之前適時得到警告，進而趨吉避凶，及時發現機遇，並張臂擁抱它。**

你在培養第六感時，冥冥之中你的召喚就會獲得回應，得到「守護天使」前來相助，它會隨時聽候差遣，為你敞開進入「智慧殿堂」的大門。

假若你不願遵循本書闡述的指示，永遠無法得知上述說法是否為真。

向英雄學習的「隱形顧問」

作者本人既不崇信也不鼓吹「奇蹟」，但由於深刻認識造物主，因此得以明瞭，祂永遠不會違背自己制定的法則。祂的某些法則太過深不可測，以至於創造出貌似「奇蹟」的結果。就個人經驗而言，第六感與奇蹟幾無二致，但之所以如此，多半僅因我尚未完全參透這條原則的運作之道。

作者本人所知如下：有一股無孔不入的力量，姑且稱為原動力或大智力，會滲入每一顆物質原子中，相依相繫每一個相互感知的能量單位。無窮智慧讓橡子長成橡樹；回應萬有引力定律，讓水往低處流；讓夜以繼日、冬去春來；讓萬事萬物各守其位、各司其職。大智力透過實踐成功原則，便能幫助我們將渴望轉換成具體有形的實物。作者本人之所以明白這個道理，全是因為親身經歷，因此得到切身體驗。

依循前述章節逐步閱讀，你就會順勢進入這一章。如果你已經精通前述每一條原則，現在就可以準備好毫不猶豫地接受此處的驚人說法；反之，如果你尚未嫻熟前述每一條原則，務必請先掌握它們，爾後才能明確判斷本章所述聲明的真假虛實。

當我正值「英雄崇拜」年歲時，發現自己總是試圖模仿自己傾心仰慕的對象；尤有甚者，我還發現，由於我模仿的信念堅定，因此總能非常成功地追隨偶像。

儘管我已走過將自己託付給「英雄」的年少歲月，卻從未割捨崇拜英雄的習慣。**人生閱歷告訴我，盡力模仿偉人的情操和作為，就是期許自己邁向偉大的美事。**

早在我投身出版寫下一字一句，或是公開發表第一場演說之前，便常保重塑自身性格的習慣，方法即為盡量模仿那九位生平事蹟最令自己敬佩的名人，他們分別是美國思想家愛默生、美國民主思想家托馬斯・潘恩（Thomas Paine）、發明家愛迪生、科學家達爾文（Charles Darwin）、美國前總統林肯、美國園藝育種專家伯班克（Luther Burbank）、法國軍事家拿破崙、汽車大王福特與鋼鐵大王卡內基。我把他們稱為「隱形顧問」，長年以來，每晚我都與他們召開想像會議。

我們的會議過程如下：每晚我入睡前都會閉上眼睛，想像自己看到這群人與我圍著會議桌就坐。如此一來，我不僅有幸能與心中崇敬的偉人並肩而坐，還能擔綱主席主導小組會議。**我任由自己沉迷在夜間想像會議，其實是懷抱著一個非常明確的目的，那就是重塑自己的性格，好讓它廣納這些隱形顧問的人格特質。**早在年少時期我就體認到，必須克服自身處於無知、迷信的環境的先天障礙，因此刻意交辦自己任務，採行上述方法重塑人格。

藉由自我暗示形塑性格

我熱中學習心理學，因此知道，每個人之所以成為我們看到的模樣，都是因為自己所抱持的主導性思維與渴望所致；也知道，每一道深埋於心底的渴望都會向外尋找出路，以便從此轉換成現實；我還知道，自我暗示是一項型塑性格的強力元素，事實上，它甚至是唯一法則。

我具備心智運作的知識，因此得以擁有重塑性格所需的全套裝備。在想像諮詢會議中，我出聲請求全體委員提供我所需要的知識。我會大聲對每一位成員這麼說：

「愛默生先生，我渴望從你身上學到理解大自然的神奇力量，它讓你這一生出類拔萃。我請求你，將所有你能夠理解、運用自然法則的特質灌注我的潛意識；也請求你，協助我接觸、運用一切唾手可得的知識之源。」

「伯班克先生，我請求你，將一身功夫傳授我，你從中習得與自然法則和諧一致的法則，甚至領會讓仙人掌脫落身上尖刺，成為食物的道理；請指引我知識之道，摸索出以前只長一片葉子的小草為何現在能長出兩片葉子的道理，而且它也幫助你幫花色融入更多的光彩與和諧，更讓你憑一己之力就成功為百合花增添一層彩衣。」

「拿破崙，我渴望透過模仿學會你特具的神奇能力。你曾藉此激勵士兵高昂鬥志、培養出更偉大、更堅定的行動精神。我還要學會你身上堅忍不拔的信心，它讓你反敗為勝，戰勝重重困難。好運大神、機遇之王、命運之主，我要向你致敬！」

致富祕訣 35

第六感即是潛意識中被指為「創新式想像力」的部分，也被我們喻為「接收設備」，用來傳遞想法、計畫和閃現在我們心頭的念頭。

「潘恩先生，我想從你身上學到思想自由，還有表達內心信心的過人勇氣與清晰條理，它們使你顯得如此與眾不同！」

「達爾文先生，我亟欲從你身上學到爬梳因果關係的驚人耐性，以及你在自然科學領域樹立不帶成見、不存偏見的客觀研究精神。」

「林肯先生，我渴望為自己的性格打造出強烈的正義感、永不磨損的耐性、幽默感、深刻洞悉人性的直覺，以及寬厚為懷的本性。這些都是你獨樹一格的特點。」

「卡內基先生，我替自己選擇一樁畢生事業，為此深深感激你。它帶給我莫大幸福和心靈平靜。我期盼徹底理解，你如何巧妙運用群策群力的原則，如此高效地創建一個龐大巍峨的工業帝國。」

「福特先生，你是幫助我最多的人士之一，慷慨提供在下許多至關重要的素材。我祈求可以學到你鍥而不捨、堅定決心、泰然自若與充滿自信的精神，它們曾幫助你成功走過刻苦環境，組織、聯合並簡化人力，因此我得以跟隨你的步伐幫助他人。

「愛迪生先生，我曾經伴你左右，因為你在我研究成敗根源時，大方以個人名義與我無間合作。我僅盼從你身上學到非凡信念，它讓你揭櫫大自然諸多奧祕；也想學會你不辭勞苦、孜孜矻矻的精神，它讓你一而再、再而三瀕臨失敗邊緣卻終獲勝利。」

我向九位想像閣員致詞的方式會依據當時最想獲得的性格特點而異。我嘔心瀝血地研究他們的生平，就這樣連續演練這種夜間會議幾個月後驀然發現，這些想像中的人物竟然躍然紙上。

這是我第一次鼓起勇氣提起這件事，以前我一直三緘其口是因為我知道，假使我將這種特殊經歷形諸文字，極可能遭到誤解。如今，我義無反顧地將親身經歷白紙黑字寫下來，正是因為，今日的我已非昔日阿蒙，不再對「別人的看法」耿耿於懷。**成熟的優點之一就是，有時候它確實能帶給一個人說真話的大勇氣，無論所有不理解的人怎麼想、怎麼說。**

為免遭人誤解，請容我在此強調一點，至今我仍認為內閣會議純粹是想像中的經歷，但是我自認為有資格提出建議，那就是，儘管它們純屬虛構，但曾經引領我進入壯麗的冒險之旅、重新點燃我對真正偉大事業的憧憬、激發我的想像創造力，而且讓我放膽表達內心的真實想法。

強烈的情感往往能夠啟動第六感的運作

在我們大腦細胞結構的某處，有一樣器官負責接收俗稱為「預感」的思想振動。截至目前為止，科學尚未找出這個產生第六感的器官到底位於何處，不過這一點無關緊要，重點在於，人類的確能夠藉由肉體感官以外的來源接收精確的知識。這類知識通常是在思維受到特殊的刺激後才接收到。**舉凡所有喚醒人類情感，導致心跳加速的緊急情況，往往都可能啟動第六感開始運作。**每一名曾經與車禍擦身而過的駕駛人都知道，當下通常是第六感出手相助，幫助他們在千鈞一髮之際逃過一劫。

我搶在前頭先把這些事實說清楚，接著我要說明白另一件事，那就是，在我與「隱形顧問」開會時，我發現自己的心智最容易接收第六感傳來的觀點、想法和知識。我真心誠意認為，所有透過「靈感」傳來的觀點、想法和知識惠我良多，我不勝感激。

好幾次我面臨緊急狀況，有些甚至是命在旦夕的關頭，顧問群都發揮影響力，冥冥中指引我度過難關。

我集結虛擬人士召開圓桌會議的初衷從頭到尾只有一點：透過自我暗示原則，將自己所渴望獲得的某些性格特徵烙印在自我潛意識。

時時複習成功法則，你將攀上人生的高峰

第六感並非個人可以隨意穿脫之物，而且運用這股強大威力的能耐之前，得先學會運用本書描述的其他原則，爾後才得以慢慢培養而成。鮮少有人在四十歲之前就通曉有關第六感的實用知識，多半都是在五十歲之後才稱得上了然於胸。這是因為，與第六感唇齒相依的精神力量非得經由多年冥想、自省和慎思才能漸臻成熟、堪為所用。

本章之所以聚焦在第六感是因為，希望這本書能呈獻讀者一套完整的成功哲學，讓每個人接受它的正確引導後能獲得畢生渴求的一切。人生一切成就的起點就是渴望，終

點則是烙印在腦中的深刻認知，包括自我、他人、大自然法則，看見並理解幸福真諦。

唯有理解、運用第六感原則，才能完整並徹底獲得這種認知。因此，我必須將這一項被視為成功哲學一環的原則納入本書，好讓一心一意渴望發大財的人士裨益無窮。

你必然已經發現，自己在閱讀本章時已經昇華到心靈刺激的高階層次。這真是太棒了！從今天開始起算，一個月後再翻開這一頁重讀一次，一邊也請觀察自己的心智是否也更上一層樓。你不妨三不五時就重新溫習這項體驗，但不要掛心當時自己學到的經驗是多是少。終有一天你將發現，自己具備一股力量，讓你得以拋掉沮喪、主掌恐懼、克服拖延毛病，並且還能自由揮灑想像力。

然後你也將感受到那一樣「未知之物」，它正是每一位真正偉大的思想家、領導者、藝術家、音樂家、作家與政治家內心那一股強大力量。自此你將站上一個有利位置，輕而易舉就能將渴望轉化成相對應的物質或金錢實物。

透過自我暗示，將渴望獲得的某些性格特徵烙印在潛意識。

成功人士思維 14
透過自我暗示，喚醒第六感！

- 第六感即是潛意識中被指為「創新式想像力」的部分，也被我們喻為「接收設備」，用來傳遞想法、計畫和閃現在我們心頭的念頭。
- 第六感正是人類心智得以串連宇宙心智的關鍵。
- 盡力模仿偉人的情操和作為，就是期許自己邁向偉大的美事。
- 舉凡所有喚醒人類情感，導致心跳加速的情況，往往都可能會啟動第六感開始運作。
- 透過自我暗示原則，將自己所渴望獲得的某些性格特徵烙印在潛意識。

相信自己，你將獲得成功

——勵志大師、成功學之父拿破崙・希爾（Napoleon Hill）

拿破崙・希爾（一八八三～一九六九年）是世界上最偉大的勵志成功大師，他創建的成功哲學多年來鼓舞了數億人，因此他被稱為「富翁製造者」。

拿破崙・希爾出生於美國一個窮苦家庭，一邊上大學一邊為雜誌社工作的他，在二十歲那年一次採訪鋼鐵大王卡內基的機會中，就此獲得了改變人生的契機。

卡內基詢問眼前充滿熱情的年輕人願不願意接下一份對美國的成功人士進行訪問和研究的工作。這是卡內基長久以來一直想完成、卻力不從心的研究：採訪、研究眾多成功人士，總結他們的成功規律，給予他人和後世永恆的精神指導。但是，這份工作卡內基不提供一分錢費用，而且可能需要耗費希爾一生的時間來研究。

年輕的希爾思考了二十九秒就答應了卡內基的要求，如果眼前的年經人思考超過一分鐘，卡內基就不會讓他接下這份工作了。那一瞬間，未來的勵志成功大師就此誕生。

在卡內基的幫助下，拿破崙・希爾採訪了五百多位成功人士，在研究和思考他們的成功經驗基礎上，憑著個人堅忍不拔的毅力，拿破崙・希爾終於找到了人們夢寐以求的人生真諦——如何才能成功。這花費了他整整二十五年的時間。

一九三七年，集結了希爾二十五年研究之大成的《思考致富》出版，當時便獲譽為當代最激勵人心的書冊之一，與戴爾・卡內基（Dale Carnegie）的《人性的弱點》、諾曼・文森・皮爾（Norman Vincent Peale）的《積極思考的力量》同列追求人生與職涯成功的男女老少必讀書目。尤其在大蕭條時代，《思考致富》更成了那些亟欲擺脫匱乏窘境、得志顯達的人們眼中的致富聖經。

拿破崙・希爾長久經營成功哲學，終於一九七〇年十一月辭世。《思考致富》就是他個人成就的標竿，問世八十年來持續影響全球數億男女老少讀者。

勵志大師、成功學之父拿破崙・希爾的成功祕訣——

當成功揚名的機會出現在眼前，千萬不要猶豫！

參考資料：《思考致富的巨人—拿破崙・希爾傳》（A lifetime of riches : the biography of Napoleon Hill）小邁可・瑞特（Michael Ritt）／著（世茂）

第十四章

智取六大恐懼惡魔

——清出大腦空間，讓位財富

我總是擔心這個、害怕那個，
要是我有勇氣
放手一搏就好了……
普通人
我的腦袋裡全都是
接下來要實行的目標與計畫，
沒有別的空間擔心其他事！
成功人士

每個人都應該全力消滅的三大敵人：猶豫、懷疑和恐懼

你開始實踐這套成功哲學裡的任一原則之前，請先確保心智已做好接收的準備。這番功夫不難，首要之務是研究、分析，然後摸透你應該全力消滅的三大敵人，分別是猶豫、懷疑和恐懼！只要其中一項霸占你的心智，第六感根本無從發揮作用。這支邪惡三人組是難兄難弟，無論誰先被發現，其他兩者也就在不遠處。

猶豫不決是恐懼的幼苗！在你展閱本書時請牢記這一點。猶豫不決會演變成懷疑，兩者再相互交織變成恐懼！這個「交織」的過程通常會緩慢地進行，這正是邪惡三人組如此陰險的原因。他們會神不知、鬼不覺地發芽成長。

本章其後篇幅將說明，在你正式實際運用整套成功哲學之前，必先完成的一個目標；也會分析不計其數的人淪落貧窮潦倒的原因。在此我要闡述所有一心致富的人都必須明白的真理，這裡說的財富不僅限於金錢，也包括價值遠高於此的心靈狀態。

本章的重點在於披露六大基本恐懼的肇因與解方。知己知彼，百戰不殆。請仔細地自我分析，並找出這六大恐懼中是否有哪一種成了你的背後靈。

千萬別被這些機靈的敵人常見的習慣所矇騙，有時候它們會靜靜地躲在潛意識裡，好讓自己的身影不易被尋獲，更難被消滅。

六大基本恐懼

基本恐懼共有六種，每個人時不時都會受到某幾種騷擾，能夠完全不受這六大恐懼影響的人多半是幸運兒。人類最常遭遇的恐懼如下：

❶ 貧窮
❷ 批評
❸ 病痛
❹ 失戀
❺ 衰老
❻ 死亡

所有其他型態的恐懼相對不重要，而且都可以歸類到上述六大類別裡。

恐懼不過是一種心態，而且理當可以控制，並加以導正。我們創造的萬事萬物都始於在腦中孕育的思想意念。順此邏輯就會發現另一個更要緊的重點，那就是，無論思想意念是出於自覺或不自覺，都會迅速轉換成與其自身相對應的實物。偶然情況下接收到的思想意念（亦即其他人腦中釋出的想法）就和自己刻意打造、設計的思想意念一樣，同樣可以決定一個人的財務、事業、職業或社會地位。

有了前文的基礎，接下來我們可以討論一個重要的事實：有些人就是不明白，為什麼總有人似乎「天生好運」，但另一些人儘管能力、訓練、經歷和智力上都相差無幾，甚至更傑出，卻總是注定倒楣到家。這種現象或許可以這樣解釋：每個人都有能力控制自己的心智，而且它會讓自己的大腦為其他人的大腦所釋放的思想意念敞開大門，但也可以緊閉心扉，只允許自己精挑細選過的思想意念登堂入室。

大自然賦予我們絕對控制某種事物的能力，亦即思想；這一點再加上另一個事實，即每個人創造的萬事萬物都始自思想意念，我們就能理解戰勝恐懼的原則了。

假使，所有想法有轉變成相對應實物的傾向（這句話無疑問是鐵錚錚的事實），那麼我們同樣可以確定，恐懼和貧窮的思想意念根本無法轉換成勇氣和財務收入。

恐懼貧窮，會摧毀任何成功機會

通往貧窮和富足的兩條路背道而馳。如果你一心期盼致富，就必須拒絕接受任何導致貧窮的狀況（此處的「富足」採取最廣義解釋，通指金錢、精神、心理和物質等各方面的財產）。邁向富足之路的起點是渴望。你在序章、第一章裡已接收妥善運用渴望的詳實指示；我們將在這一章闡述恐懼，徹底指引你做好心理調適，以便實際發揮渴望的力量。

在此，請向自己下一道戰帖，好明白確定你理解這門成功哲學的程度有多透徹，而這一點正是你能夠精準預知未來禍福的關鍵。倘若你讀完本章後還能甘於貧窮，那就是你情願生活拮据。但如果你企求富足，就得確定自己能心滿意足於什麼形式的財富，而且要多少才夠。當你清楚看見邁向富足的道路，也已經手握一張路線圖，接下來只要按圖索驥就能循序漸進。但如果你遲遲不起步或半途而廢，那就完全只能責怪自己。假設你現在沒辦法追求或拒絕企求富足生活，無論你找任何藉口，都只能承擔後果。接受富足只要一個條件——就是你能自主掌控的唯一事物——你的心態。心態是你自己決定的，千金難買，只能自創。

恐懼貧窮是一種心態，別無其他！不過它的威力足以摧毀個人成就任何事蹟的成功機會。它會癱瘓理智、破壞想像力、扼殺自立能力、澆熄熱忱、打壓主動性、引爆不確定性、助長拖延習性、撲滅熱情並讓自我掌控徒勞無功；它會抹煞個人的人格魅力，折損準確思考的可能性、分散聚焦的注意力；它還會左右毅力、將意志力化為烏有、擊垮雄心壯志、蒙蔽記憶，而且還變化成各種想像得到的形式招致失敗。它會泯滅愛的能力、封殺內心更美好的情感、斷絕朋友之誼，並變化成千上百種形式為你帶來災難，讓你夜不成眠、備感悲慘與不幸。儘管我們生活的世界，明明充滿了人心渴望的一切事

致富祕訣36

大自然賦予我們絕對控制某種事物的能力，亦即思想；每個人創造的萬事萬物都始自思想意念，這樣一來，我們就能戰勝恐懼。

物，我們與渴望之間的唯一障礙，就是缺乏明確目標。

恐懼貧窮的破壞力高居六大之首，之所以名列前茅的原因在於它最難戰勝。恐懼貧窮心態源於人有一種掠奪他人財物的傾向，幾乎所有比人低等的動物都會受到本能驅使，有鑑於牠們「思考」能力有限，因此彼此只會掠奪其他生物的生命；反之，人類先天具有優異的直覺感知、思考與推理能力，不會生吞活剝同類，而是「吃乾抹淨」別人的財物才能得到更大的滿足。

天下沒有第二樣事物能像貧窮一樣帶來諸多謙卑和苦難！唯有在貧窮中打滾過的人才明白這句話的完整意涵。

我們懼怕貧窮不足為怪，畢竟列祖列宗的經歷足以讓我們看清，一旦和金錢物質、世俗財產扯上關係，有些人就不可信任。這句控訴確實尖酸刻薄，但最可怕的地方在於，事實就是如此。常人都汲汲營營想要占有財產，以至於不擇手段，如果可以合法取得當然最好，但若情不得已或於己有利，也可能會步上旁門左道。

自我分析可以揭露個人不願承認的弱點，對所有不甘於平庸與貧窮的人來說，這種自省方式至關重要。請謹記，當你逐項檢視自己時，你身兼法官、陪審員、既是起訴方也是辯護方、既是原告也是被告。你得客觀看待事實，捫心自問，並要求直截了當的回覆。等你完成自省後就會更深入瞭解自己。如果你不認為自己足以在自我剖析的過程中扮演好法官的角色，務必尋求瞭解你的熟人相助。你的目的是找出真相，所以無論代價有多高，即使一時半刻會感到難堪，都請務必找出來！

多數人每每被問到最害怕什麼時都會回答：「什麼都沒在怕。」這個答案很不精確，因為只有極少部分的人才能真正意識到，自己的精神和肉體深受某種恐懼束縛、阻礙與折磨。恐懼這種情感如此老奸巨猾，而且總是潛藏於暗處，我們或許終生都得扛著這個背後靈，甚至未曾察覺它的存在。唯有勇敢直探內心才能揭穿全民公敵的真面目。當你展開分析時，請深入探索自身性格，以下清單條列出你應該留意的徵兆：

恐懼貧窮的六個症狀

❶ **漠不關心**。主要表現形式是毫無野心；甘於貧窮；人生際遇給什麼就照單全收，從不出聲抗議；心理與生理皆呈懶散狀態；缺乏主動性、想像力、熱忱與自我掌控能力。

❷ **猶豫不決**。習慣容許別人代位思考；是個道地的「牆頭草」。

❸ **疑神疑鬼**。處心積慮找遁詞或藉口文過飾非，有時候會表現出嫉妒成功人士的姿態，甚至出言批評。

❹ **憂慮**。通常表現形式為雞蛋裡挑骨頭；有寅吃卯糧的花錢傾向；不在乎個人外表；總是愁容滿面或眉頭深鎖；酗酒；有時會嗑毒；無法鎮定自若；自我意識強烈卻缺乏自力更生能力。

❺**過分小心**。大小事情都往壞處想，心裡想的、嘴上談的都是失敗的可能性，卻不願聚精會神尋找成功之道；清楚所有會出紕漏的方法，卻從未想辦法避免淪於失敗；老是在等待「天時、地利、人和」，好付諸實行想法和計畫，直到最後等待成為一種陋習；只記得失敗者，忘了成功者；凡事見樹不見林。

❻**拖拖拉拉**。老是喜歡昨日事、明日畢；寧可花費大把時間構思遁詞與藉口，卻不願意動手處理正事。這種症狀與過分小心、疑神疑鬼及憂慮高度相關；只要能逃避責任就絕對拒絕承擔；寧可妥協也不願挺身抗爭；遇到困難就讓步而非反過來駕馭並試著將它們當作更上一層樓的墊腳石；會為了一分錢和生活討價還價，不肯追求繁榮、富裕、富足、滿足和幸福；老是盤算著萬一失敗怎麼辦才好，不願壯士斷腕、背水一戰。缺乏自信心、目的明確性、自控力、主動精神、熱忱、企圖心、志向、健全推理力；寧願淪於貧窮也不渴望致富，只與困在社會底層的人為伍，不與積極渴求並獲得財富的人為伴。

恐懼批評，會剝奪你的原動力

多數人被批評時最起碼會感到不舒服，在某些情況下被他人責難時甚至會憂鬱、沮喪。恐懼批評會剝奪人的原動力、破壞想像力、局限自身性格、折損自立能力，還會以成千上百種其他方式造成傷害。父母批評兒女時往往會在他們心中造成無可彌補的傷害。小時候我有個玩伴，他母親幾乎天天打他，打完後也總會丟下一句狠話：「你不到二十歲就會被關進牢了。」十七歲那一年，他就被送進感化學校。

世人太喜歡出一張嘴，每個人都有滿肚子意見想要免費奉送給別人，也不管對方想不想聽。我們往來最密切的親朋好友往往是最刻薄的毒舌。批評應該被視為一種罪行，而且還是本質最惡劣的犯罪型態，因為每一名父母都會毫無必要地胡亂批評一通，結果在兒女心中種下自卑情結。透析人性的雇主最能夠激勵員工淋漓盡致地發揮潛力，他們不是靠負面批評，而是靠積極建議。父母親要是如法炮製，或許也可以實現相同成果。批評會在人類心中種下恐懼或怨恨的種子，絕不可能激發愛意或關懷。

恐懼批評的七個症狀

❶**緊張、侷促不安**。在人前說話，或與陌生人打交道時經常緊張不安，眼神飄忽、笨手笨腳。

❷**驚慌失措**。在人前無法控制自己的聲調，神經緊張、醜態百出、健忘。

❸**缺乏決斷力與個人意見**。無法明確表達自己的意見，習慣逃避問題。容易不經思考就附和別人。

❹**以自大掩飾自卑**。在言語、行為上自誇，來掩飾內心的自卑。喜歡「咬文嚼字」裝腔作勢（其實他們也不太瞭解那些艱深字眼的意思）。穿著、說話語氣、態度模仿他人，炫耀虛構的成就，試圖藉此營造自己的優勢。

❺**奢侈揮霍**。嚮往有錢人的生活，即使透支也要用名牌妝點自己。

❻**缺乏上進心**。無法掌握機會更上一層樓，對自己的構想缺乏信心，害怕表達意見，面對上司的疑問閃爍其詞，言談與態度猶豫不決，在言行上欺瞞他人。

❼**缺少抱負**。身心懶散、沒主見。做事猶豫不決，易受人影響。人前逢迎、人後批評，對失敗習以為常，常因別人反對而放棄，毫無根據地懷疑他人，言談舉止不圓滑，犯錯不肯負責。

恐懼病痛，讓疾病無中生有

這種恐懼也許該同時追溯生理與社會傳統。究其根源，它的根源與對衰老、死亡的恐懼同源，因為病痛與「不吉祥的字眼」只有一線之隔，我們不瞭解衰老與死亡，知道的只有駭人聽聞的傳聞。有些敗德之人從事「販賣健康」的勾當，為了牟利而煽動大眾對病痛的恐懼。總的來說，人人懼怕生病，除了得忍受苦痛，更無法確定死神降臨那一刻會發生什麼事；此外，大家也害怕罹病所必須付出的昂貴經濟代價。

有一位聲名遠播的醫生曾估計，所有登門求助專業服務的患者中，七五%罹患慮病症，也就是胡思亂想病。根據極可信的資料顯示，哪怕是毫無由來地恐懼病痛，往往都會因為過於害怕患病的心理而製造出生理徵兆。

人類大腦才真的擁有神奇力量，既可無中生有，也可憑空摧毀。

數年前，一連串實驗結果證明，個人光是接收到暗示就可能得病，於是我們也設計一場實驗，請「受害者」身邊的三名熟人登門造訪，每一名都得問他：「你怎麼啦？看起來病得不輕哩！」第一個人這麼問時，通常受害者只會咧嘴一笑，若無其事地說：「是喔，沒怎樣啊。我好得很。」第二個人這麼問時，通常受害者就會改說：「我也不太知道，可是我真的覺得不太舒服。」等到第三個人這麼問時，受害者通常會坦承自己確實生病了。

如果你不相信這種實驗真的會讓受試者不舒服，隨便找個熟人試試看，不過千萬不要玩得太超過。在某些原始文化中，人們會施加「咒語」在敵人身上，以便報復對方。因為他們相信咒語有生命，確有本事讓受害者生病甚至喪命。

大量證據顯示，有時候疾病的最初表現形式只是一個消極的思想意念，它可以經由暗示從某甲的大腦傳遞到某乙的大腦中；或者個人也可以自己在腦子裡無中生有。

有時候醫生出於改善患者健康狀況的考量，會將他們送去陌生環境，因為改變「心態」有其必要。**恐懼病痛的種子就埋藏在每個人心中，擔憂、恐懼、沮喪、對愛情和事業感到失望都會灌溉這顆種子開始發芽、茁壯。**

恐懼病痛的七個症狀

❶**負面自我暗示**。習慣將自我暗示用在負面思考。覺得自己一定會出現各種疾病的病症。「享受」幻想中的疾病，並信以為真。喜歡嘗試他人推薦的保健聖品和保健新知。愛與人談論手術、意外以及疾病。在沒有專業的指導下，試驗各種節食、體能運動和減肥計畫。喜好嘗試祖傳祕方、專利藥品和「江湖郎中」的藥。

❷**慮病症**。開口閉口都是疾病，滿腦子都是生病，擔心自己身患病重以致精神崩潰。這樣的病無藥可救。它來自負面思考，只有正面的積極思考才能治療。慮病症（懷疑自己有病的醫學名詞）的殺傷力不亞於實際罹病。大部分的「精神病」都是自己幻想出來的疾病。

❸**怠惰**。對病痛的恐懼使人避免戶外活動以及適當的體能運動，因而導致肥胖。

❹**身體虛弱**。對疾病的恐懼會破壞身體的抵抗力，為疾病創造了適合滋生的環境。對疾病的恐懼經常與對貧窮的恐懼有關，例如擔憂可能要支付的醫療費用。尤其是慮病症患者，他們時常擔心萬一生病就會有就醫、住院等開銷。這種人會花費很多時間為生病做準備、談論疾病、存錢準備過世後的喪葬費用。

❺**自憐**。習慣用想像的疾病引起他人的同情（有的人會藉此逃避工作）。常用裝病掩飾偷懶或是作為缺乏抱負的藉口。

❻**放縱**。習慣以酒精或毒品消除頭痛、神經痛，但不尋找病因、對根治疾病抱持消極態度。

❼**焦慮**。經常閱讀關於疾病的文章，擔心自己會感染疾病。對專利藥品的廣告有興趣。

恐懼失戀，令人心生嫉妒

這種與生俱來的恐懼源於何處已無需贅述，顯而易見是源自古人一夫多妻的習慣，包括偷人妻，而且逮到機會就任意妄為。

嫉妒和其他類似精神疾病，來自人類天生對失去愛的恐懼。恐懼失戀的痛苦指數高居六大基本恐懼第一名，戕害個人身心的程度遠勝過其他五種。

分析顯示，女人比男人更容易有這種恐懼。因為女人從經驗得知，男人天生一夫多妻，一旦遇到競爭對手，就無法信任男人。

恐懼失戀的三個症狀

❶嫉妒。也就是毫無根據就疑神疑鬼好友與伴侶之間存有不可告人的祕密。

❷無的放矢。指控伴侶紅杏出牆；更離譜的徵兆就是猜忌每一個人，而且誰的話都聽不進去。

❸挑剔。一旦親朋好友、商業夥伴及親密愛人稍有不敬或根本只是雞毛蒜皮小事，也要雞蛋裡挑骨頭。

恐懼衰老，使人喪失自信

人們對變老的恐懼，有兩個傳統的理由：一是出於對人類同胞的不信任，怕自己老了以後財產被掠奪一空。另一個理由是對死後世界的恐懼。

這種恐懼很常見，主要原因之一是每個人隨著年歲漸長，生病的可能性就越高；情欲是恐懼衰老的另一個原因，因為沒有人樂見自己的性感指數一路下降。

恐懼年老最普通的原因是可能變窮。很多人想到老後要在救濟院度過餘生，都會忍不住膽戰心驚。另一個讓人害怕年老的原因就是，年老力衰或許會讓人逐漸失去生理與財務自由，進而導致個人失去自由和獨立。

恐懼衰老的症狀

在心智成熟的四十歲前後開始放慢步調，有些人隨著齒搖髮禿會顯現出行動遲緩、自卑情結的傾向，錯誤地相信自己老到「漸漸不靈光」了。

才四十、五十歲就習慣向人道歉自己「年紀大了」。其實我們畢生最有用處的幾個生理與心理階段都落在晚年。讓人遺憾的是，許多銀髮族誤以為自己太老不中用，於是喪失了主動性、想像力和自立能力。

恐懼死亡，令人患得患失

對某些人來說，它是六大基本恐懼中最殘酷的一種。原因不言而喻。我們對往生後的世界一無所悉。

現代人恐懼死亡的現象比起民智未開的年代已經算是比較不常見了，科學家已經為全世界帶來真理的曙光，進而幫助人們迅速擺脫對死亡的極端恐懼。黑暗時代曾經支配人們的思維、摧毀人們的理智，如今，我們憑藉生物學、天文學、地質學及其他相關科學之力，已經驅散對黑暗時代的極端恐懼。

整個世界只有兩種組成元素，即能量與物質。我們學過基礎物理就知道，能量和物質不生不滅，但都可以轉換。

如果真要定義生命的話，它就是能量。倘若能量和物質都不能被消滅，當然我們的生命也就不會消亡，反而就像其他形式的能量，儘管歷經各式各樣的轉換或變化過程也不會被消滅。死亡不過就是轉換的一種形式而已。

假使說死亡不只是變化或轉換，人死之後，除了漫長而永恆的長眠，別無其他。長眠當然就更沒什麼好怕的了。這樣一來，你應該就可以抹除死亡的恐懼陰影。

恐懼死亡的症狀

對於死亡的恐懼常見於年紀大的人，但年輕人也經常想到死亡，這種情形多半是因為缺乏人生目標，或是找不到合適的工作。想要消除對死亡的恐懼，最好的良藥就是追求成功的熾烈渴望。忙碌的人通常無暇想到死亡。

人們會把死亡跟對貧窮的恐懼連結，害怕死亡給深愛的人們帶來貧窮。

有人之所以會恐懼死亡，是因為他們罹患疾病，身體欠佳。恐懼死亡最常見的原因有：身體不好、貧窮、找不到適合的工作、失戀、精神官能症、宗教狂熱……等。

猶豫不決讓人總是憂心忡忡

憂慮是一種奠基於恐懼的心態，雖然作用緩慢，卻持續不輟。它是陰險、狡詐的壞東西，步步為營地「深入人心」，直到癱瘓個人的理智、摧毀自信心和動力。猶豫不決的恐懼久而久之就會定格成一種習慣，演化為憂慮，但所幸仍可掌控。

忐忑不安的心總會感到徬徨無助，而猶豫不決正是其禍首。多數人缺乏做成決策所需的果斷意志力，即使做成決策也難以有始有終。

一旦決定明確的行動方針，遇到任何狀況都不會憂慮。

六大基本恐懼全都會藉由猶豫轉換成憂慮。你一旦下定決心接受死亡不可避免，就能從此遠離死亡恐懼；你一旦下定決心不再憂心忡忡，而是勇往直前爭取自己所能積攢的財富，就能揮別貧窮恐懼；你一旦下定決心不再管他人想什麼、做什麼或是說什麼，就能將恐懼批評的感覺踩在腳下；你一旦下定決心接受衰老這項事實，不再將上年紀視為身殘體弱的象徵，而是滿載年輕人尚未參透的智慧、自制力與理解力，就能抹除對衰老恐懼。你一旦下定決心忘卻疾病徵兆，就能免除自己的疾病恐懼；你一旦下定決心，必要時就算失戀也要好好過，就能掌控恐懼失戀的情緒。

請下定決心，認定無論生活如何，都不值得你為此憂慮。氣度、心靈淡定與冷靜思考會伴隨著這個決定而來，它們都能夠為你帶來幸福。

心中充滿恐懼的人不但會親手摧毀自身採取理智行動的機會，更會傳遞這些具有破壞性的意念振動進入其他人的心中，進而使他們也失去理智行動的機會。

就連一隻狗或一匹馬都能感應到主人在何時欠缺勇氣；尤有甚者，牠們還會接收到主人對外發散的意念振動，並據此採取行動。

有人發現，就算是動物圈智力比較低等的物種也都具有這項辨識恐懼意念振動的能力。蜜蜂當下就能迅速感知個人心中是否有恐懼；出於某些莫名的原因，蜜蜂更喜歡螫咬那些從心中對外釋放出恐懼意念振動的人，對心中毫無所懼的人卻興趣缺缺。

對他人的負面言行、思考，終將反噬到你身上

恐懼的意念振動會以迅雷不及掩耳的速度從某甲的心中傳到某乙的心中，與人聲從廣播站傳遞到接收站如出一轍，且兩者採用的媒介一模一樣。實際上，出言不遜或口出惡言的人必然也得承受相應的反作用力，也就是「惡有惡報」；就算僅是對外放送破壞性思想振動，未曾說出口，一樣會面臨各式各樣的「反噬」。最必須謹記在心的頭號要點就是，釋放出破壞性想法的人肯定會喪失創新式想像力，而且也逃不過這種結局帶來的傷害；再者，所有盤據心頭的破壞性情感都會型塑出一種消極性格，不僅讓他人敬而遠之，還可能化友為敵；懷有或釋放消極想法的人會受到傷害的第三種可能性源自於另一項重要事實：這些思想意念不僅會傷害別人，而且深埋在釋放者的潛意識裡，久而久

之就形成人格的一部分。

假設你的人生大事就是飛黃騰達，你就得尋求心靈平靜、獲取生活的必需物質，而且最重要的是，過著幸福美滿的日子。所有一切能夠彰顯成功的證據最初的表現形式都是思想意念。

你可以控制自己的心智，也有力量選擇任何你想要灌注心智的思想意念，但你行使這項特權時也肩負積極正確使用它的責任。你是自己身處紅塵俗世的主宰，正如你有力量控制自己的想法一樣無庸置疑。

你可以影響、引導並最終控制自身所處的環境，將人生打造成夢寐以求的境界；就另一方面來說，你可能無意行使自己所擁有的特權，放棄循序漸進打造人生，從此放任自己在「世道」之海載浮載沉，好比滄海一粟般隨波逐流。

第七大惡勢力——易受負面影響的性格

除了六大基本恐懼之外，人人還會為另一種邪惡勢力受苦。它提供沃土讓失敗種子得以成長、茁壯；它如此老奸巨猾，一般人幾乎渾然不覺它的存在。這股惡勢力無法適切歸類為恐懼，因為它比所有六大基本恐懼更深植於內心深處。由於無以名之，我們姑且稱這股邪惡勢力為易受負面影響的性格。

努力賺大錢的人總是保護自己免受邪惡力量侵犯，身陷貧窮泥淖的人則從未採取行動；在任何行業發光發亮的人必須做好抵抗邪惡力量的思想準備。如果你正展閱這本以致富為目的的成功哲學，應該鉅細靡遺自我審視，看看自己是否易受負面力量影響。如果你略過自我分析的機會，就會喪失獲得內心渴望目標的權利。

當你讀完下述專為自我剖析量身打造的問題之後，請嚴格要求自己誠實作答；執行這項任務時請力求滴水不漏，真的就要像是面對活生生的敵人那樣看待自身的缺點。

你可以輕易保護自己免受搶匪路霸搶劫，因為法律提供對你有利的協作保護；但是對付「第七大惡勢力」卻棘手得多。它會趁你熟睡與乍醒等毫無防備的時刻展開突襲；尤有甚者，它的武器根本誰也看不見，因為那只不過是一種心態；這股惡勢力也稱得上窮凶惡極，有時候它會搭著親朋好友善意言論的便車突地襲上心頭；另外一些時候，它會無孔不入似地從心底深處冒出來。它就像毒藥那般輕易置人於死地，只不過凌遲的時間更久一點。

如何保護自己對抗負面影響

無論消極影響是自己一手造成，或是周遭負面思考的人施加在你身上，若想保護自己免受傷害，請記得你擁有意志力。**立刻發揮意志力，直到它在你心中砌出一道能阻擋**

負面影響的免疫之牆。請記得以下事實，你和每一個其他人一樣，天生懶惰、冷漠，而且傾向接收所有與自身弱點一致的暗示。

也請知道，你天生就抵擋不了六大基本恐懼。請建立起對抗這些恐懼的好習慣。別忘了，負面影響通常會透過潛意識在你身上發揮作用，也因此你很難偵測到它。請不要理睬所有愛潑你冷水、等著看你笑話的人。

請刻意尋找可以正面激發你思考、鼓舞你為自己付諸行動的人，與他們為伍。別老是想著麻煩就要找上門了，因為這時多半會「心想事成」。

毫無疑問，**人類最大的通病就是放任自己的心門洞開，任由他人的負面影響登堂入室**。這項缺點高居危險排行榜第一名，因為多數人渾然不覺自己身受其害，就算有些人知道實情，卻也寧可視而不見或拒絕導正，直到這種情況根深柢固，成為日常生活中無法控制的環節。

我們為了幫助那些期盼看清自己真面目的人，準備好一張問題清單。請逐一詳讀問題，並大聲唸出答案，而且要能清楚聽見。這張清單可以讓你更誠實地面對自己。

誠實面對自己的「自我分析問答題」

❶你是否經常埋怨「覺得糟透了」？若是，原因何在？
❷當他人稍有差池，你是否會雞蛋裡挑骨頭？
❸你工作時是否經常犯錯？若是，為什麼？
❹你與他人交談時是否冷嘲熱諷、粗魯無禮？
❺你是否刻意避免與他人打交道？若是，為什麼？
❻你是否經常聽不懂他人說的話？若是，原因何在？
❼你是否老是覺得活著沒意思、未來沒希望？若是，為什麼？
❽你喜歡目前這份職業嗎？若否，為什麼？
❾你是否常常顧影自憐？若是，為什麼？
❿你是否嫉妒那些超越你的人？
⓫想像成功或失敗，兩者中你在哪一項花最多時間？
⓬你年紀越大越有自信還是越沒有自信？
⓭你是否從所有錯誤中擷取寶貴教訓？
⓮你是否允許身邊的親朋好友煩擾你？若是，為什麼？
⓯你是否有時候「嗨翻天」，有時候卻又低潮到爆？
⓰誰的鼓勵最能激發你？原因何在？

⑰負面或打擊信心的影響原可避免，但你會容許它們煩擾你嗎？
⑱你對自己的外表是否滿不在乎？若是，什麼時候會這樣，為什麼？
⑲你是否學到一些讓自己忙得沒有功夫操煩心事的「消愁」術？
⑳如果你放任他人代位思考，是否會因此稱自己是「沒種的懦夫」？
㉑你是否無視於心靈淨化，直到自我中毒太深，動不動就發脾氣、大暴走？
㉒有多少原可預防的干擾讓你煩憂，你為什麼要縱容它們糾纏？
㉓你是否借助酒精、毒品或香菸「安定神經」？若是，何不嘗試發揮意志力試試？
㉔是否有人不停在耳邊「碎唸」你，若是，原因何在？
㉕你是否定下明確的重要目標，若是，內容為何？你又為此擬定什麼樣的計畫？
㉖你深受六大基本恐懼折磨嗎？若是，是哪幾種？
㉗你是否能想到對策，好讓自己免於他人的負面影響之苦？
㉘你是否刻意採用自我暗示手法，激發積極心態？
㉙你最看重什麼事，是物質財富或控制自身想法的能力？
㉚他人很容易影響你、推翻你的自主判斷嗎？

致富祕訣37

努力賺大錢的人總是保護自己免受負面思考侵犯，在任何行業發光發亮的人必須做好抵抗負面思考的準備。

㉛今天你有提升自己的知識寶庫或心態嗎？
㉜當你遭遇不幸局面時，會勇敢挺身面對或是逃避責任？
㉝你會認真分析所有錯誤與失敗並從中受益，或是採取一副責任不在己的態度？
㉞你能說出三大對自己最有害的缺點嗎？對此，你採取了什麼補救措施？
㉟你鼓勵他人向你吐苦水以博得同情嗎？
㊱你會從日常經歷中挑選出有益自身個人成長的教訓或影響嗎？
㊲大體而言，你的存在是否會帶給他人負面影響？
㊳他人的哪些習慣最容易惹毛你？
㊴你有自主意見還是容易受他人影響？
㊵你是否已經學會形塑一種對所有打擊影響都免疫的心態？
㊶你的職業能否激勵你堅定信念、滿懷希望？
㊷你是否意識到自己擁有強大精神力量，足以使自己的心智遠離各式各樣恐懼？
㊸你信奉的宗教能否幫助你常保正面心態？
㊹你是否覺得，為他人分憂解勞是自己的責任？若是，為什麼？
㊺如果你相信「物以類聚」？你從身邊志趣相投的朋友身上瞭解自己哪部分性格？
㊻你曾目睹生平摯友和他人往來的情形嗎？雙方間互動為何？你會因此不快嗎？
㊼你是否遇過一種情形，即你認定是朋友的對象實際上卻是最可惡的敵人？因為他們會在你心中加諸負面影響。

㊽你訂定什麼樣的標準判斷哪些人對你有益、哪些人對你有害？
㊾就心理素質而言，你與過從甚密的同事孰優孰劣？
㊿每天二十四小時中，你花多少時間做以下事情：
（一）工作
（二）睡覺
（三）吃喝玩樂
（四）努力進修
（五）放空混日子
51 你的熟人當中誰——
（一）最會鼓勵你？
（二）最愛警告你？
（三）最愛阻撓你？
（四）最會用其他方式幫助你？
52 你最擔憂什麼事？為什麼你要忍受它？
53 當他人提供你免費、無私的忠告，你會毫不質疑地接受或先分析他們的動機？
54 渴望有千百種，你最大的渴望是什麼？你打算實現它嗎？你願意把所有其他渴望都擺在它後面嗎？你每天花多少時間實現它？
55 你一天到晚改變心意嗎？若是，為什麼？

56 你是否常常才開始做一件事沒多久就喊卡？

57 他人在商界或專業領域的頭銜、學歷或財富是否經常讓你印象深刻？

58 他人怎麼說你、怎麼想你，是否輕易就能影響你？

59 你是否會阿諛奉承某些位高權重、有錢有勢的對象？

60 你認為古今中外歷史中誰最偉大？此人在哪些方面比你優秀？

61 你總共花多久時間研究並回答上述問題？（分析、回答這一整份清單至少得花一天，

以上問答題也收錄於隨書贈「思考致富實踐手冊」P28－P32）

如果你坦白回答所有上述問題，就會比大多數人更瞭解自己。務必詳實研究問題，而且未來連續數月每週都要定期回頭審視。當下你會大感意外，沒想到坦白回答這些簡單問題竟會帶給自己大量珍貴的額外知識。若某些問題讓你不確定怎麼回答才對，請諮詢非常瞭解你的人，尤其是無需討好你的人，試著從他們的眼睛看清自己。

學會掌控自己的心智，無視批評，你就能創造人生

你能絕對自主掌控的事物只有一樣，亦即你的思想，這是所有已知事實中最意義重大、激勵人心的一點！它反映出我們心中的神聖性，而且這項神賦權利是你主宰自身命

運的唯一手段，如果你無法掌控自身心智，那你根本掌控不了任何事。

如果你對財富漫不經心，那就對物質不屑一顧吧。你的心智才是你的精神財富！請細心保護並妥善運用這一份神祇的旨意。造物主賦予你意志力就是為了這個目的。遺憾的是，有些人接收他人有意或無意的負面暗示，心靈遭到毒害，卻完全得不到法律保護。這種破壞理應處以重刑，因為它經常摧毀他人在法律保護下獲得物質回饋的機會。

心態消極的人試圖勸湯瑪士・愛迪生打消念頭，說他不可能發明出一部能夠記錄然後再現原音的機器。「因為，」他們都說，「從來沒有人成功搞出這種機器。」愛迪生才不理他們。他知道，個人心裡想到什麼、相信什麼，就能創造出什麼；知識，正是那股助他超越芸芸眾生的力量。

心態消極的人告訴伍爾沃斯（F.W. Woolworth），如果他執意投入創辦十元店生意，終有一天會搞到「破產」，他嗤之以鼻。他知道，如果秉持信念撐持計畫，就能在合理的範圍內成就任何事業。他始終獨排眾議，最後終於推升自己躋身億萬富翁。

當亨利・福特在底特律大街上試駕作工粗糙的原型車時，懷疑主義論者不屑一顧地大聲恥笑，有些人說，這玩意兒絕對不可能成真；也有些人說，根本沒有人願意花錢當新玩意兒的白老鼠。福特卻說：「我要飛車駕駛它繞地球一圈。」結果他說到做到！他決定相信自己的判斷力，最終也幫自己累積五代子孫都花不完的巨額財富。亨利・福特是人人信手捻來的範例，正因為他是一個令人拍案稱奇的例子，他證明了，擁有自主意見、掌控思想意願的人就能成就豐功偉業。

控制心智是自律和習慣的產物，不是你控制它就是它反過來控制你，其間沒有一絲灰色地帶。**就所有控制心智的方法而言，最務實之道就是讓它忙到沒空控制你，具體做法是提供它一道明確目的，並附帶一套明確計畫。**

你若研究史上成就大事的名人生平就會發現，他們都能掌控自己的心智；尤有甚者，他們善於掌控並導引它實現明確目標。你若欠缺掌控力，就別奢望成功。

五十五個舉世皆知的藉口遁詞

鬱鬱不得志的人都具備一項明顯的通病，亦即熟知所有失敗的肇因，卻很擅長為自己的零成就準備一大堆堂而皇之的藉口。有些遁詞巧妙，而且少數也真的確有其事。但藉口不能當飯吃，我們的世界只關注一件事：你搞出什麼名堂了嗎？

有一位人格分析師曾綜合整理出一張最常用的藉口清單。閱讀時請縝密地自我檢視，看看自己曾經用過哪些藉口。也請牢記，本書所闡述的成功哲學將使所有藉口全都成了荒唐廢言：

❶「要是」我沒有家累就……

❷「要是」我「很吃得開」就……

❸「要是」我有錢就……

❹「要是」我有漂亮學歷就……

❺「要是」我有找得到工作就……

❻「要是」我的身體健康就……

❼「要是」我有時間就……

❽「要是」景氣大好就……

❾「要是」他人能瞭解我就……

❿「要是」我今天置身另一種環境就……

⓫「要是」我的人生可以再重來就……

⓬「要是」我沒被「他們」說的話嚇到就……

⓭「要是」有人曾經給過我機會就……

⓮「要是」我現在有個機會就……

⓯「要是」他人別老是「跟我過不去」就……

⓰「要是」當初沒有殺出程咬金阻擋我就……

⓱「要是」我再年輕一點就……

⓲「要是」我能做自己想做的事就……

⓳「要是」我含著金湯匙出生就……

⓴「要是」我能遇到「貴人」就……

㉑「要是」我擁有某人具備的天賦就……
㉒「要是」我敢維護自己的權利就……
㉓「要是」我當初抓住一閃而逝的機遇就……
㉔「要是」他人不曾讓我心煩意亂就……
㉕「要是」我不必料理家事、照顧兒女就……
㉖「要是」我攢下一些錢就……
㉗「要是」老闆曾經欣賞我就……
㉘「要是」曾有人幫助我就……
㉙「要是」家人能理解我就……
㉚「要是」我生長在大城市就……
㉛「要是」我能豁出去創業就……
㉜「要是」我能自由自在就……
㉝「要是」我具備某人那樣的性格就……
㉞「要是」我別那麼胖就……
㉟「要是」有伯樂看到我的才華就……
㊱「要是」我能得到「良機」就……
㊲「要是」我能擺脫債務就……
㊳「要是」當初我沒有失敗就……

39「要是」我知道怎樣做就……

40「要是」當初每個人都不曾反對我就……

41「要是」我沒有那麼杞人憂天就……

42「要是」我嫁（娶）對了人就……

43「要是」他人不是那麼笨就……

44「要是」我的家人沒有那麼鋪張浪費就……

45「要是」我對自已很有把握就……

46「要是」運氣沒有那麼背就……

47「要是」我不曾出生在不幸環境就……

48「要是」「世事天注定」這句話不是真的就……

49「要是」我不必累得跟一條狗一樣就……

50「要是」我不曾賠錢就……

51「要是」我住在另一個不同社區就……

52「要是」我沒有「過去那段歷史」就……

致富祕訣38

就所有控制心智的方法而言，最務實之道就是讓它忙到沒空控制你，具體做法是提供它一道明確目的，並附帶一套明確計畫。

53「要是」我有一份自己的事業就……

54「要是」他人肯聽我的話就……

55這一則遁詞高占全體第一名：要是我有勇氣看清楚自己是個什麼樣的人就好了，我會找出自己有什麼毛病，然後修正它。這樣的話，我可以得到一個從錯誤中學習的機會，也從其他人的經歷學到寶貴教訓。我知道我一定有什麼毛病，「要是」我多花一點時間分析自己的弱點、少花一點時間到處找藉口文過飾非，現在我應該早就飛黃騰達了。

製造藉口為自己的失敗辯解，這是從人類老祖先傳下來的陋習，足以扼殺成功！**為何人們老是愛死抱著藉口不放？答案顯而易見。因為大家先創造藉口，當然就會捍衛它們。**藉口是個人自身想像力的產物，人性就是會捍衛自身腦力勞動成果。

製造藉口是一種根深柢固的陋習，極難打破，特別是當它們可以讓我們理直氣壯做某件事的時候。柏拉圖（Plato）說出以下這句話時就已了然於胸：「第一場也最輝煌的勝利就是戰勝自己；輸給自己卻是全天下最丟臉、最可恥的事。」

另一位哲學家說出以下這句話時心裡也懷有同一想法：「我在他人身上看到的最醜陋那一面，其實不過是我自身品性的縮影。這一點讓我驚訝得無以復加。」

「有個問題對我而言始終成謎，」美國作家阿爾伯特・哈伯德（Elbert Hubbard）說，「為了掩飾自己的弱點就到處找藉口的人，根本就是傻子。既然有時間發想藉口，為何不用來改善自己的弱點呢?這樣一來便能成長,根本不用再找藉口了。」

再者,我得提醒你,人生好比一盤棋局,你對弈的棋手是時間。如果你舉手落子之前猶豫不決,或是壓根沒注意到棋賽快速進行,時間就會一舉攻下你的棋盤。你對弈的玩家絕不容忍再三猶豫!以前你或許可以找到合情合理的遁詞,解釋為何無法鞭策生活為你帶來期盼的一切。然而,如今你已握有一把開啟人生富饒寶庫之門的萬能鑰匙,再找藉口的話,那些遁詞將成了荒唐廢言。

這把萬能鑰匙雖無形卻威力強大!它是一股蘊藏在你自身心智的創造力特權、是一個企求明確財富的熱烈渴望。使用這把鑰匙不會受到任何處罰,但若不使用則必得付出代價,那就是失敗。如果你善用這把鑰匙就會得到巨額回報,那就是滿足感,唯有個人征服自我、迫使人生賜予自身所渴望的一切才能得到。

這份報償值得你竭盡心力。你願意踏出第一步,全然信服嗎?

永世不朽的愛默生說:「如果有緣,必然相逢。」在本書的結尾之處,請容我拾人牙慧這麼說:「你我有緣,早已隨書相逢。」

丟掉恐懼、藉口、他人的批評,清空腦袋思考如何實現夢想。

成功人士思維 15

杜絕所有負面思想的影響!

- 恐懼不過是一種心態，而且理當可以控制，並加以導正。
- 人類大腦才真的擁有神奇力量，既可無中生有，也可憑空摧毀。
- 你可以控制自己的心智，也有力量選擇任何你想要灌注心智的思想意念，但你行使這項特權時也肩負積極正確使用它的責任。
- 人類最大的通病就是放任自己的心門洞開，任由他人的負面影響登堂入室。
- 你能絕對自主掌控的事物只有一樣，亦即你的思想。
- 有時間發想藉口，不如用來改善自己的弱點。這樣根本不用再找藉口了。

野人
野人文化
讀者回函卡

書　名

姓　名　　　　□女 □男　年齡

地　址

電　話　　　　手機

Email

□同意 □不同意　收到野人文化新書電子報

學　歷　□國中(含以下)□高中職　□大專　□研究所以上

職　業　□生產/製造　□金融/商業　□傳播/廣告　□軍警/公務員
□教育/文化　□旅遊/運輸　□醫療/保健　□仲介/服務
□學生　□自由/家管　□其他

◆你從何處知道此書？
□書店：名稱 ______________　□網路：名稱 ____________
□量販店：名稱 ____________　□其他 ___________________

◆你以何種方式購買本書？
□誠品書店　□誠品網路書店　□金石堂書店　□金石堂網路書店
□博客來網路書店　□其他 ___________________

◆你的閱讀習慣：
□親子教養　□文學　□翻譯小說　□日文小說　□華文小說　□藝術設計
□人文社科　□自然科學　□商業理財　□宗教哲學　□心理勵志
□休閒生活（旅遊、瘦身、美容、園藝等）　□手工藝／DIY　□飲食／食譜
□健康養生　□兩性　□圖文書／漫畫　□其他 _______

◆你對本書的評價：（請填代號，1. 非常滿意　2. 滿意　3. 尚可　4. 待改進）
書名 _____ 封面設計 _____ 版面編排 _____ 印刷 _____ 內容 _____
整體評價 _____

◆你對本書的建議：

野人文化部落格 http://yeren.pixnet.net/blog
野人文化粉絲專頁 http://www.facebook.com/yerenpublish

廣　告　回　函
板橋郵政管理局登記證
板 橋 廣 字 第 143 號

郵資已付　免貼郵票

23141
新北市新店區民權路108-2號9樓
野人文化股份有限公司 收

野人

請沿線撕下對折寄回

野人

書號：0NFL0164